LA VIE APRÈS LE PÉTROLE

Autrement**Frontières**

Collection dirigée par Henry Dougier

www.autrement.com

Illustration de couverture : © Martin Parr/Magnum Photos

JEAN-LUC WINGERT

LA VIE APRÈS LE PÉTROLE

De la pénurie aux énergies nouvelles

Préface de Jean Laherrère

Éditions Autrement**Frontières**

Remerciements

Je tiens à remercier tout particulièrement Jean Laherrère pour son aide, pour ses relectures des versions intermédiaires de l'ouvrage qui m'ont été précieuses et aussi pour sa patience. D'autres membres de l'ASPO m'ont fourni des informations et je leur en suis reconnaissant : Pierre-René Bauquis, Colin Campbell, Kiell Aleklett, Dr Bakhtiari et Matthew Simmons.

Mes remerciements vont aussi aux nombreuses personnes qui ont apporté des contributions fondamentales à ce projet, je pense en particulier à Étienne et Françoise Daval, Noémie Fradet, Denis Pansu, Chloé Pathé, Fabrice Million des Vignes et Daniel Hémery.

Enfin, je ne voudrais pas oublier tous ceux qui ont participé à cette aventure de près ou de loin : Frédéric Alin, Xavier Amoros, Savine Bernard, Sadek Boussena, Rémy Birambeau, Lucile Brault, Wilfried Bredel, Pierre-Yves Chapalain, Nicolas China, Carine Cikurel, Philippe Clemencot, Ariane Clément, Valentine Daval, Jean-Claude Debeir, Sébastien Dubol, Jacques Fourez, Brice Gallot, Yves Geffrin, Yragaël Gervais, Bernard et Catherine Guérin, Marie Halopeau, Francis Harper, Martin Karltschmitt, Hubert Kieken, Harry Lehmann, Honoré Le Leuch, Nicolas Navet, Benoît Pichery, Françoise Potier, Christian Salaün, Sébastien Savarino et Claude Wingert.

Préface par Jean Laherrère

Dans l'échelle des motivations, l'être humain cherche d'abord à satisfaire sa soif, sa faim et à être au chaud. Une fois ses désirs satisfaits, les besoins primaires sont oubliés et il cherche à satisfaire d'autres besoins, soit de possession, soit plus intellectuels. Dans les sociétés de consommation, le problème n'est plus la faim (hors des pays en guerre civile) mais l'obésité – on compte 300 millions d'obèses dans le monde. Le mode de vie américain repose sur des ressources supposées sans limites et bon marché et pour une consommation toujours croissante, comme si consommer (ou avoir plus que le voisin) était le bonheur. Cela a conduit à un usage immodéré de la voiture individuelle. Curieusement, l'inflation américaine dite « de base » exclut l'énergie et l'alimentation : le consommateur américain vivrait uniquement d'informatique, de voitures et de gadgets chinois.

Le gaz soviétique était censé être aussi abondant que l'eau, c'est pourquoi tous les immeubles à Moscou sont chauffés au gaz sans compteur, le gaz étant inclus dans le loyer.

Le taux de croissance du PIB mondial est très lié au taux de croissance de la consommation du pétrole. De 1950 au choc pétrolier de 1979, la production de pétrole croissait plus que le PIB ; mais depuis 1979 le PIB croît plus que la production de pétrole.

Les experts estiment que, pour les quarante dernières années, la contribution de l'énergie au PIB est supérieure à 50 %, alors que son coût est de l'ordre de 5 %. Ce ratio de l'ordre de 10 entre contribution et coût indique bien que l'énergie est considérée comme une commodité bon marché (comme l'eau) que l'on peut consommer sans modération.

Croissance mondiale de la production du pétrole (liquides) et du PIB.

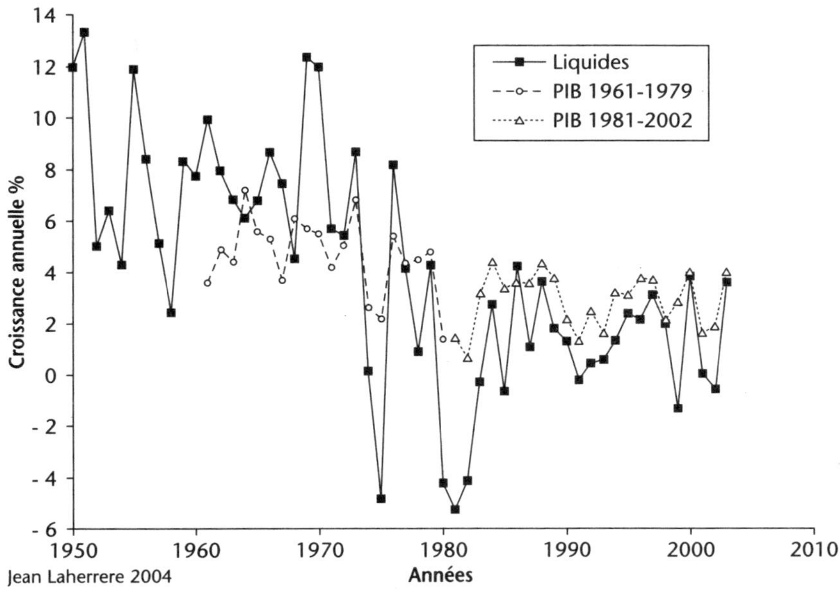

Le consommateur américain utilise 8 tonnes équivalent pétrole par an, soit 2 fois plus que le consommateur européen pour un niveau de vie équivalent, soit 5 fois plus que la moyenne mondiale et 15 fois plus que le consommateur indien. Le consommateur européen utilise moins d'énergie car les taxes sont beaucoup plus importantes, notamment pour le pétrole. Mais les taxes sont nécessaires pour l'entretien des routes, le financement de la police, des pompiers et des secours aux blessés. Il est normal que ce soit le consommateur qui paye et non le contribuable. Il est ahurissant, devant l'augmentation du prix du pétrole en France, de voir les professionnels concernés se tourner vers l'État providence plutôt que vers leurs clients, qui sont les consommateurs des produits qui requièrent cette énergie. Il est consternant de voir le gouvernement accepter ce point de vue, qui n'incitera pas à des économies d'énergie. Ainsi, la nourriture est transportée en moyenne sur plus de 2 000 kilomètres, car le transport ne coûte quasiment rien ; personne ne s'étonne que les supermarchés français vendent des oignons en provenance de Tasmanie, où le fermier a un niveau de vie équivalent à celui du fermier français.

Le pétrole est considéré comme cher, alors qu'il est deux fois moins cher (en monnaie d'aujourd'hui) qu'en 1980 ou en 1860. La production d'huile de baleine aux États-Unis a culminé en 1845 et le prix atteignait en 1855 plus de 2 000 dollars d'aujourd'hui par baril. Il s'est écroulé quand, en 1860, le pétrole a commencé à couler à flots, dépassant de loin le pic de l'huile de baleine.

La production de pétrole a déjà culminé en 1979 car le prix élevé (ou plutôt le consensus général selon lequel le prix allait tripler dans une décennie) a conduit à des changements de comportement, faisant accepter la voiture compacte aux États-Unis ou le nucléaire en France, avec des économies importantes de pétrole qui ont fait chuter la demande – demande qui n'a retrouvé le niveau de 1979 que quatorze ans plus tard. Actuellement, le prix est considéré comme élevé, mais les prévisions officielles sont pour un prix de 25 dollars le baril en 2030 (avec une production de 120 millions de barils par jour contre 80 millions en 2003), ce qui n'incite pas à économiser le pétrole.

La seule solution pour résoudre les problèmes futurs relatifs à l'énergie est que celle-ci soit facturée à son coût réel. Il faut supprimer toutes les subventions. Le coût de la flotte américaine dans le golfe Persique (50 gigadollars par an avant la guerre actuelle) qui assure la libre circulation du pétrole sur les mers est facturé au contribuable américain et non au consommateur américain. Les énergies fossiles vont être épuisées en deux ou trois siècles et leur juste prix devrait être le coût des énergies de substitution, qui est bien supérieur. Le pétrole est la forme d'énergie la plus commode à transporter, la plus concentrée. Il n'y a pas d'alternative au pétrole en quantité suffisante, alors qu'il y avait une alternative au silex – à savoir le bronze et le fer, n'en déplaise au Cheik Yamani, qui clame que l'âge de pierre ne s'est pas terminé par manque de silex et qu'il en sera de même pour le pétrole. Avec un prix élevé, les énergies renouvelables, qui demandent des subventions pour survivre, deviendront économiques. Il ne faut exclure aucune énergie pour satisfaire la demande future, mais les développer toutes, chacune dans son domaine. Le seul substitut du pétrole (pour les transports) est le pétrole synthétique (à partir de la biomasse mais aussi et surtout du charbon et du nucléaire). L'agriculture, qui plafonne depuis plusieurs années pour la production des céréales (limite des superficies, de l'irrigation et de la productivité venant des engrais), ne peut en même temps nourrir le monde et faire tourner les voitures.

Mais la meilleure contribution des consommateurs consiste à économiser l'énergie, car on vivait aussi bien il y a cinquante ans alors que l'on consommait beaucoup moins ; et les Américains avec leurs SUV *(Sport & Utility Vehicle)* ne sont pas plus heureux que nous autres Européens. Le bonheur ne se juge pas au niveau du PIB (qui est d'ailleurs manipulé avec plusieurs facteurs, dont le facteur hédoniste).

L'être humain n'aime pas parler de son déclin (mot politiquement incorrect, comme croissance nulle ou négative) ; et pourtant, il faut accepter le déclin et le préparer, surtout dans les pays où le taux de fécondité est très inférieur au taux de remplacement. D'après certaines prévisions des Nations unies, l'Europe devrait avoir perdu 100 millions d'habitants en 2050 (au contraire des États-Unis, qui continuent de croître grâce à une immigration considérable).

La notion de pic suivi de déclin est rejetée par de nombreuses personnes convaincues du progrès illimité de la science et des techniques, ou niant inconsciemment l'idée d'un déclin. Les hommes politiques ne veulent pas parler de catastrophe, car cela supposerait qu'ils apportent des remèdes, ce qu'ils savent impossible. Les catastrophes sont donc déclarées naturelles et imprévisibles, ainsi personne n'est coupable de mauvaise prévision. De plus, tous les dirigeants et hommes politiques sont jugés sur la croissance de leurs entreprises ou de leur pays ; il ne faut donc pas parler d'arrêt de la croissance. La science ou la technique est pour les économistes le Père Noël qui va résoudre les problèmes de l'avenir, mais ils se gardent bien de consulter les techniciens qui sont libres de parler.

La meilleure façon de changer les comportements est d'informer simplement le public.

Avec d'autres géologues pétroliers à la retraite (Alain Perrodon, Colin Campbell et moi-même), ayant l'expérience, les données et la liberté de parler, nous avons d'abord étudié tous les systèmes pétroliers du monde et publié plusieurs gros rapports utilisant des fichiers considérables de données confidentielles, puis écrit des articles et des livres. L'article de *Scientific American* « The End of Cheap Oil », rédigé avec Campbell en 1998, a commencé à nous faire connaître à l'étranger de quelques scientifiques, mais il fallait atteindre plus de lecteurs et de tout genre. Colin Campbell a fondé, avec ces géologues à la retraite, des universitaires européens et quelques personnalités pétrolières encore en activité, l'ASPO (Association for the Study of Peak Oil and Gas) avec une conférence internationale annuelle depuis 2002, visant à atteindre les médias, et a créé un site Internet (www.peakoil.net). Le public français a commencé à entendre parler de nous par la presse et la télévision quand le baril a dépassé les 40 dollars. Les médias découvrent le pic d'Hubbert sans bien le comprendre. Ce pic fait peur, mais ce qui importe, c'est le déclin. De plus, le pic peut être un plateau long, résultant des réactions chaotiques de l'offre et de la demande en face de la géologie et de l'économie (dépressions ?).

Mais il faut des écrits qui présentent les divers points de vue et qui soient lisibles par tous.

Il fallait qu'un « non-pétrolier » se penche sur le sujet en France pour en faire un livre impartial et c'est ce qu'a fait Jean-Luc Wingert, jeune ingénieur et consultant.

Son livre est un bon exposé des problèmes et des incertitudes, faisant le point de la situation actuelle de l'énergie. Il a aussi rassemblé les différents points de vue des soi-disant optimistes et pessimistes, ainsi que des données dites « politiques » et des données dites « scientifiques ». Il est en effet nécessaire de comprendre le travail des explorateurs et des producteurs.

Trouver du pétrole et le produire n'est pas une science exacte, ni une technique bien établie. Il s'agit surtout des pratiques d'une équipe pluridisciplinaire de techniciens rompus aux dernières découvertes scientifiques, qui doivent s'adapter aux conditions très variées de la Terre, de sa topographie, des climats, des langages, des coutumes, des religions, des politiques et des économies.

Paul Valéry a écrit : « Tout ce qui est simple est faux, tout ce qui est complexe est inutile. » Jean-Luc Wingert a réussi à écrire un livre qui se veut accessible à tous, sans dissimuler la complexité des problèmes de l'énergie en général et du pétrole en particulier.

Si le consommateur prend conscience en lisant ce livre qu'il doit changer son comportement – à défaut de quoi ses enfants et petits-enfants le maudiront plus tard –, le pic du pétrole et son déclin reculeront.

Jean Laherrère

Introduction

Depuis la deuxième guerre du Golfe, démarrée par George Bush Jr, le pétrole est revenu sur le devant de la scène. Les analystes pétroliers commencent à s'inquiéter en coulisse à la fois de l'état des réserves et de la survenue d'un choc pétrolier majeur dans les années à venir. Le grand public, relativement épargné par ces profondes inquiétudes, se contente d'explications conjoncturelles : grèves, sabotages, attentats, troubles politiques ou scandales financiers. Le caractère économique de l'information la plus couramment diffusée, le cours du baril de brut, pourrait laisser penser que l'événement qui se prépare n'est qu'une simple péripétie économique. Certes, la guerre en Irak attise les cours, puisqu'elle a lieu en plein cœur du Moyen-Orient, où se trouvent près des deux tiers des réserves pétrolières de la planète. Mais il semble bien que l'on s'évertue à nous dissimuler une réalité plus cruelle encore : la production de pétrole va bientôt entrer dans sa phase de déclin continu. Oui, le carburant le plus précieux au monde, celui qui permet aux économies modernes de fonctionner, celui qui orne notre quotidien de matières plastiques, va bientôt commencer à disparaître, lentement mais sûrement.

Un événement historique majeur : la déplétion

Une confusion doit être dissipée. La fin du pétrole est un événement clair. Il s'agit du moment où ce combustible, non renouvelable, sera épuisé. Fin très dramatiquement décrite dans le film à grand spectacle *Mad Max* (réalisé par G. Miller en 1979), qui montre des hordes sauvages allant jusqu'à s'entretuer pour les derniers litres de carburant. Mais cet événement est trop lointain pour nous intéresser directement. Il se situera probablement après 2100, à un moment du XXIIe siècle impossible à définir. En revanche, un autre événement, bien plus proche, mérite toute notre attention. D'ici à 2015, la production journalière de pétrole va atteindre son maximum avant de commencer à décroître, selon un phénomène qui s'appelle la déplétion. Ce mot est encore mal connu, et pourtant le XXIe siècle qui s'engage sera le siècle de la déplétion. Le pétrole ne fera qu'inaugurer une longue série puisque gaz naturel, charbon et uranium vont suivre.

Ainsi, d'ici dix ans nous allons atteindre le sommet de la production mondiale de pétrole, également appelé « pic de production », et pourtant le monde ne semble pas se préparer à gravir cette « montagne » qui reste encore invisible à la majorité d'entre nous.

Comprendre un tel événement implique une prise de recul considérable puisque c'est l'ensemble du système de fonctionnement de nos sociétés qui va être touché et devra s'adapter par la force des choses. Regarder la déplétion à venir avec les grilles de lecture actuelles n'offre que des perspectives déprimantes faites de chocs pétroliers et de crises économiques. Ce n'est qu'en se plaçant dans un contexte historique plus large que les perspectives s'éclaircissent, dessinent les contours d'une mutation majeure et contribuent à rendre le présent plus lisible.

L'utilisation de l'énergie est un déterminant fort de nos sociétés, fréquemment sous-estimé. « L'énergie est un impensé historique », diront les auteurs d'une des rares histoires de l'énergie[a] qui ait été publiée. L'évolution des techniques employées est lente et s'étale sur plusieurs générations, comme, par exemple, le moulin à vent qui en Europe s'est perfectionné très progressivement durant sept siècles. Avec l'arrivée des énergies fossiles cependant, le mouvement s'accélère. Le pétrole a pris le relais du charbon peu avant la Première Guerre mondiale, seulement un siècle et demi après le début de la révolution industrielle. La société dans laquelle nous vivons est donc façonnée par plus de deux siècles de consommation de combustibles fossiles. La quantité de charbon et de pétrole extraite du sous-sol a régulièrement augmenté et cette croissance de la quantité d'énergie disponible est devenue la norme. Deux phénomènes concomitants se sont

---

a. Jean-Claude Debeir, Jean-Paul Deléage, Daniel Hémery, *Les Servitudes de la puissance*, Paris, Flammarion, 1986.

produits. D'une part, les sociétés occidentales, après une phase d'adaptation à l'emploi massif d'énergies fossiles, ont finalement axé leur développement autour de leur utilisation et plus particulièrement autour de celle du pétrole. D'autre part, et de fait, le pétrole est devenu un enjeu de pouvoir, la maîtrise de son abondante production allant de pair avec le contrôle des leviers de la société. Ces deux phénomènes, favorisés par les extraordinaires propriétés de ce combustible, se sont autoentretenus : plus de pétrole signifiant plus de richesses et donc un meilleur contrôle des leviers susceptibles de favoriser le développement de son utilisation. Progressivement, l'organisation économique des sociétés occidentales puis de l'ensemble du monde a évolué dans ce sens. Pendant plus de deux siècles, les modes de pensée dominants ont intégré la présence d'énergie abondante et bon marché dans nos sociétés.

Le pétrole, acteur caché de tant d'exploits

La dissimulation des enjeux autour du pétrole a très bien fonctionné, trop bien sans doute puisque le drame qui se profile, dans les dix ans à venir, demeure encore ignoré du plus grand nombre. L'or noir est devenu un tel objet de convoitise que de nombreux intérêts ont convergé pour masquer la réalité des échanges et des transactions autour de cette industrie. Les champions de ce sport sont les États-Unis. C'est dans ce pays que l'industrie pétrolière est née, c'est donc ce pays qui a été le premier terrain d'expérimentation de la société du pétrole : les premières techniques industrielles de forage, bien sûr, mais aussi les premières techniques de développement d'une société autour du pétrole.

Une des caractéristiques fondamentales de l'industrie pétrolière est d'avoir toujours dû lutter contre la surproduction. Les quotas de production sont très vite entrés en vigueur, mais il a surtout fallu trouver le moyen d'écouler une marchandise trop abondante. Rockefeller, le premier « parrain » du secteur pétrolier, a réussi à contrôler le marché américain de 1875 à 1911, année du démantèlement de sa compagnie provoqué par l'application des lois antitrust. Son génie résidait en sa capacité à s'octroyer un monopole de vente en développant des techniques de promotion et de « réclame » qui ont posé les bases de notre société.

L'industrie pétrolière a besoin de débouchés qui ne sont autres que les transports, la production d'électricité, l'armée, le chauffage d'habitation, la pétrochimie... Autant de secteurs industriels qui vont devenir indispensables aux producteurs de pétrole, et *vice versa*, avec le concours d'hommes politiques et implicitement de leurs électeurs apparemment satisfaits. Il faut de la croissance et de la consommation pour accompagner l'augmentation de la production de pétrole. Il faut ouvrir toujours plus de marchés, et pour cela les dirigeants politiques sont indispensables. Le fonctionnement du modèle politique américain est transparent à cet égard, puisque ce sont les industriels qui financent directement les candidats aux élections. Si l'on mesure l'efficacité d'une société en fonction de son aptitude à consommer du pétrole, les États-Unis ont une longueur d'avance sur les autres démocraties occidentales. Non seulement ils consomment à eux seuls le quart des ressources pétrolières de la planète mais, grâce au « modèle américain » exporté à grand renfort de strass et de paillettes, ils incitent le reste du monde à faire de même.

Le véritable impérialisme n'est peut-être pas celui des États-Unis, mais celui de l'industrie du pétrole, qui a mis le modèle américain à son service. Pour les dirigeants politiques du reste du monde, il n'y a qu'à suivre le mouvement et à ouvrir une franchise *« American way of life »* en quelque sorte. La promotion de la nécessité d'un confort matériel dernier cri est prise en charge par Hollywood, qui affiche son véritable acteur vedette à longueur de pellicule : le modèle américain. Il est mis en scène dans des situations et des formes variées pour ne pas lasser : des comédies aux séries et aux films en passant par les clips et les publicités. Il est indispensable de convaincre du bon fonctionnement du modèle américain et personne ne doit envisager trop sérieusement d'être heureux sans plusieurs voitures, voire plusieurs téléviseurs.

Les États-Unis étaient « assis » sur une des plus grandes réserves d'or noir au monde – c'est un parfait hasard – et ont acquis une avance décisive dans l'utilisation de ce précieux combustible. Ce fut un outil de domination du monde d'une puissance inconnue depuis les origines de l'humanité.

Le rêve américain, qui permet à chacun d'imaginer sa participation à l'aventure, est à la fois le symbole et l'outil de cette hégémonie : automobile, électroménager et liberté individuelle. Car l'influence des États-Unis ne peut en aucun cas se réduire à un rôle négatif. L'émancipation de l'individu et l'augmentation de l'espérance de vie, par exemple, sont bien réelles. À l'origine, la culture libérale est venue d'Angleterre, dopée par son charbon, et les États-Unis l'ont propulsée dans l'ensemble du monde grâce au pétrole. Mais l'or noir, modeste, s'est dissimulé, dans les coulisses de la machine d'Hollywood serait-on tenté de dire. Le produit s'est banalisé, il a traversé les péripéties de l'histoire et on a préféré ne pas insister sur son rôle déterminant. Par exemple, comment les États-Unis ont-ils développé leur industrie militaire pendant la Seconde Guerre mondiale au point de réunir l'« Invincible Armada » de la libération ? Grâce au dynamisme, au tempérament battant et à l'idéal de liberté du peuple américain, tandis que le pétrole, sans qui tout cela n'aurait pas été possible, restait au second plan.

Une dissimulation à la hauteur des enjeux

À force de ne pas vouloir reconnaître la contribution du pétrole à sa juste valeur, le risque est d'oublier les contraintes qui l'entourent. En premier lieu le fait qu'il est épuisable, mais aussi que la déplétion est un phénomène inéluctable. La date du pic de production aurait dû être surveillée : il est nécessaire de pouvoir l'estimer longtemps à l'avance afin d'en préparer le passage. Au contraire, des organismes officiels, sous contrôle de Washington, tels que l'AIE (Agence internationale de l'énergie) ou l'USGS (United States Geological Survey) ont plus ou moins dissimulé la réalité sans que cela ait gêné les autres gouvernements « franchisés », européens par exemple. Peut-être s'agit-il d'un acte manqué, d'un oubli inconscient. Mais était-il réellement impossible de prévoir le déclin d'un bien aussi miraculeux que le pétrole ? N'aurait-il pas fallu infiniment plus de sagesse aux hommes pour résister à la puissance de l'or noir ? Il n'est pas certain que nous sachions tirer le meilleur profit du temps qu'il nous reste avant le grand choc pétrolier. Il est important d'utiliser ce délai pour prévoir et engager un plan d'action.

En matière de pronostics, la plus grande prudence s'impose. Car, depuis que l'homme a inventé la prévision, il a accumulé une réelle expérience dans la production d'erreurs, à commencer par la tentative de prévoir des événements... imprévisibles. La déplétion appartient, elle, à la catégorie des événements prévisibles, même s'il existe une marge d'erreur. Puisque les organismes officiels ont décidément trop intérêt à dissimuler la réalité, il ne nous reste qu'à nous tourner vers des experts indépendants. En regardant leurs méthodes de plus près, et en constatant leur niveau de compétences, il apparaît très nettement que celles-ci n'ont rien à envier à celles de l'AIE et de l'USGS, bien au contraire. Un nombre réduit mais croissant de pays se tournent désormais vers ces estimations plus fiables et tentent d'envisager un avenir fait de pétrole plus rare et donc plus cher.

Tôt ou tard, le phénomène de déplétion va provoquer une situation où la demande de pétrole ne pourra plus être satisfaite. La hausse prévisible du prix du pétrole suffira peut-être, temporairement, à réguler les débuts de la pénurie, puisque les pays les plus pauvres n'auront pas les moyens de s'offrir ce qui s'apparentera pour eux à un luxe. Cependant, le problème des modalités du partage de cette ressource rare sera rapidement posé. Les pays puissants tels que les États-Unis vont-ils tenter de s'emparer du pétrole de force ? Dans ce cas de figure, quels pays feraient partie de la coalition d'une hypothétique troisième guerre du Golfe et quels pays préféreraient se tourner vers des solutions de remplacement ?

Les gouvernements n'ont pas de « plan B »

Malheureusement, il n'existe pas d'alternative « clé en main » au pétrole, et c'est justement une des nombreuses raisons pour lesquelles on ne parle pas volontiers de la déplétion. Les solutions de rechange comportent de nombreux inconvénients technico-économiques. Les transports sont le principal point faible des alternatives énergétiques, pourtant leur rôle est important puisqu'ils assurent la logistique de l'économie mondialisée. La voiture à hydrogène, par exemple, présente de tels obstacles techniques qu'il est probable qu'elle ne soit jamais déployée à grande échelle. Le gaz naturel paraît être le successeur naturel du pétrole, mais sa déplétion est également très proche. Les autres solutions – énergies renouvelables, nucléaire, charbon – présentent des contraintes telles que l'on peut d'ores et déjà affirmer que l'avenir sera avant tout fait d'économies d'énergie. Nous allons devoir apprendre à améliorer encore et encore l'efficacité énergétique de nos sociétés, et poursuivre le mouvement initié après le premier choc pétrolier de 1973, tout en intégrant de nouvelles contraintes.

Le dérèglement climatique est essentiellement provoqué par l'effet de serre, lui-même engendré par la consommation d'énergies fossiles. Il pose déjà un cas de conscience à la communauté humaine, mais, comme ses effets sont lointains, globaux et diffus, cela ne rend finalement aucune action strictement obligatoire. La déplétion, en revanche, s'imposera à nous. Ses effets sont inéluctables et son impact sera majeur surtout si aucune mesure préventive n'est prise. Mais les risques pour l'environnement ne sont malheureusement pas absents en cas de consommation accrue de charbon et de déforestation, événements probables dans les pays pauvres notamment. La contrainte sur les ressources pétrolières va nous faire passer d'une perspective de hausse de la consommation à celle d'une baisse continuelle. Dans ce contexte, la question de l'avenir de l'impérialisme pétrolier est posée. Il n'est d'ailleurs pas étonnant que les États-Unis aient été parmi les premiers à réagir, mais leur réaction s'apparente à un mouvement de panique avec la dérisoire tentative de s'emparer de force du « magot » irakien. Le modèle américain tel qu'on le connaît va bientôt devenir caduc puisque même les États-Unis ne pourront plus se l'offrir. À moins de jouer contre le reste du monde, mais ce mode de développement serait-il durable ? Les décennies à venir réservent, assurément, des surprises de taille.

La première partie de cet ouvrage, intitulée « Vers un choc pétrolier », a pour objectif d'expliquer pourquoi et quand la déplétion va provoquer un choc pétrolier. Dans le premier chapitre nous prendrons la mesure de l'omniprésence du pétrole dans nos sociétés afin de mieux apprécier les secteurs les plus touchés par la crise à venir. Le deuxième chapitre expliquera plus précisément ce qu'est la déplétion, quels en sont les mécanismes sous-jacents et présentera une méthode de prévision appliquée avec succès au cas des États-Unis. Dans le troisième chapitre nous aborderons l'état des réserves mondiales, la surestimation du contenu des gisements de l'OPEP et les difficultés à obtenir des chiffres fiables. Le quatrième chapitre comparera différentes estimations concernant la date du pic de production, provenant de sources officielles et surtout de sources indépendantes. Enfin, le dernier chapitre de la partie expliquera en quoi le choc pétrolier à venir sera différent de ceux que l'on a connus jusqu'à présent ainsi que la manière dont le passage du pic se déroulera, ce qui permettra d'effectuer un éclairage sur l'actualité des quelques années à venir.

La deuxième partie, intitulée « Vers un recul de la mondialisation ? », présentera les alternatives et les issues qui s'offrent à nos sociétés. Le sixième chapitre présentera les enjeux historiques de la transition énergétique qui s'annonce. Le septième chapitre présentera les différentes sources d'énergie de substitution avec leurs avantages et leurs inconvénients et le huitième précisera les mesures d'économie d'énergie qu'il est possible de réaliser, en traitant notamment l'épineux problème du moyen de propulsion des transports de demain. Enfin, le dernier chapitre tentera de présenter les principales conséquences à long terme sur nos modes de vie, à savoir une « relocalisation » des activités.

Première partie
Vers un choc pétrolier

Chapitre I
L'omniprésence du pétrole

« Du temps que les femmes ne votaient pas, on faisait la guerre pour elles. Maintenant qu'elles votent, on la fait pour le pétrole. Est-ce un progrès ? »
Boris Vian

Le pétrole est un bien primordial au bon fonctionnement de nos sociétés. Pour quelque temps encore, il sera abondant et relativement bon marché. Afin d'envisager les conséquences futures d'un renchérissement et d'une diminution progressive des quantités produites mondialement, examinons ses principaux usages et les qualités ayant conduit à son succès.

Il y a un siècle et demi, l'utilisation du pétrole se limitait au graissage des roues de charrette et surtout à l'éclairage ; on parlait alors de pétrole lampant. Depuis, ses qualités l'ont progressivement conduit à d'autres usages, au point d'en faire la première source d'énergie au monde. Présent dans la nature en abondance, et relativement facile à exploiter, ces deux atouts économiques ont encore renforcé son succès.

Le pétrole doit être transformé par raffinage avant d'être utilisé. Les carburants automobiles représentent son principal débouché, il est à l'origine de l'essor des transports au XXe siècle. Les armées ont très vite profité de l'avantage stratégique que procurait la grande mobilité offerte par ce carburant facile à stocker. Il s'est imposé dès la Première Guerre mondiale.

Mais les usages du pétrole ne se limitent pas aux transports. La disponibilité pendant plusieurs décennies de pétrole bon marché a contribué à en faire un pilier du fonctionnement de nos sociétés. Des activités de plus en plus nombreuses se construisent avec et autour du pétrole sans qu'on envisage de remettre en cause son abondance. Les chocs pétroliers de 1973 et 1979 ont permis d'engager une série de mesures d'économies qui semblent avoir été progressivement oubliées. Après ce répit, notre dépendance au pétrole a continué de croître.

Des propriétés dignes d'intérêt qui en ont fait la première source d'énergie au monde

L'aventure moderne de l'industrie pétrolière débute conventionnellement en 1859, année du premier forage d'un gisement aux États-Unis par un dénommé Edwin Drake. Il se faisait alors appeler « colonel » pour impressionner la population du petit village de Titusville en Pennsylvanie. L'entreprise était en effet accueillie avec un certain scepticisme par les 125 villageois[1]. Creuser un puits dans le sol pour extraire du pétrole ne s'était encore jamais fait. Jusqu'alors on se contentait de récupérer le pétrole qui suintait à la surface. Ce saut technologique ne manqua pas de provoquer de nouveaux défis. Rien n'avait été prévu pour transporter et stocker un débit de pétrole bien plus important qu'auparavant. Les barils de whisky des environs furent réquisitionnés et le transport s'organisa péniblement par charrette. Rapidement l'afflux désordonné de nouveaux candidats à la fortune créa des disparités dans les types et les contenances des barils employés. Une harmonisation intervint en 1866[2], certainement autour du baril de harengs, et le volume de 159 litres (42 gallons US) fut retenu. Le baril est toujours la mesure utilisée de nos jours dans le secteur pétrolier. Un enchaînement continuel de défis qui, une fois relevés, entraînent à leur tour de nouvelles difficultés fait maintenant partie intégrante de la culture de cette industrie. Bien que les techniques de forage similaires à celles employées par le « colonel » Drake aient été utilisées avant 1859 en Chine et en Europe, c'est aux États-Unis que la collecte de pétrole prit son essor et devint industrielle.

Le pétrole est aujourd'hui la source d'énergie la plus simple à utiliser. Il s'agit d'ailleurs de la forme la plus concentrée d'énergie devant le gaz naturel et le charbon, si on excepte l'uranium, que la radioactivité oblige à manier avec d'infinies précautions. Mais sa principale qualité physique est résumée en une formule par l'économiste pétrolier Paul H. Frankel[3] : « *Oil is liquid.* » L'état liquide de ce précieux combustible rend chaque étape de son cycle de vie plus aisée. Il partage ses qualités alternativement avec le gaz naturel et le charbon, mais est le seul à les posséder toutes. Ainsi, l'extraction du sous-sol peut se faire par forage et pompage, techniques moins fastidieuses que l'exploitation minière. Le stockage s'effectue dans de simples réservoirs, alors que le gaz doit être maintenu sous pression. Le transport peut s'effectuer en continu par oléoduc. L'utilisation finale des produits pétroliers (essence, fioul...), soit dans un moteur à explosion, soit dans un brûleur de chaudière, s'effectue par injection automatique et ne nécessite pas d'intervention manuelle telle que le pelletage pour le charbon.

Au-delà de ses qualités physiques, l'or noir présente de remarquables qualités économiques. Comme le résumait un homme d'affaires américain : « Le pétrole, c'est quasiment de l'argent[4]. » Il s'agit d'une ressource naturelle qui, après plusieurs millions d'années de maturation, est prête à être simplement récoltée par pompage. [Voir « La genèse du pétrole », p. 25.] Pour obtenir 1 litre d'essence, il aura fallu que 23 tonnes de matières organiques soient transformées sur une période d'au moins un million d'années[5]. Les coûts d'extraction et d'exploitation sont longtemps restés très bas et, à ce titre encore, il s'agit d'un produit unique. Le sous-sol est donc une sorte d'immense coffre-fort dans lequel il suffit de puiser. Le pétrole possède des qualités si intéressantes et des utilisations si variées que trouver des débouchés commerciaux est rarement une difficulté. Les compagnies pétrolières comptent d'ailleurs parmi les entreprises les plus prospères. En 2003, Exxon Mobil est la société ayant réalisé le plus de bénéfices au monde. Les quatre autres grandes compagnies pétrolières, BP, Total, Shell et Chevron Texaco font partie des quinze premières entreprises mondiales[6].

Les qualités physiques et financières du pétrole en font la première source d'énergie primaire au monde tous usages confondus. La figure page suivante présente la part respective de chaque énergie.

Les combustibles fossiles et épuisables (pétrole, charbon et gaz naturel) représentent plus de 80 % de l'énergie mondiale. Ce pourcentage est une moyenne mondiale, qui ne reflète pas les disparités régionales. L'Afrique et l'Asie consomment plus de charbon, les pays développés davantage de nucléaire – la France et le Japon se distinguant par des chiffres au-dessus de la moyenne dans ce domaine.

Figure 1.1 : Consommation d'énergie primaire dans le monde en 2003 (source : AIE).

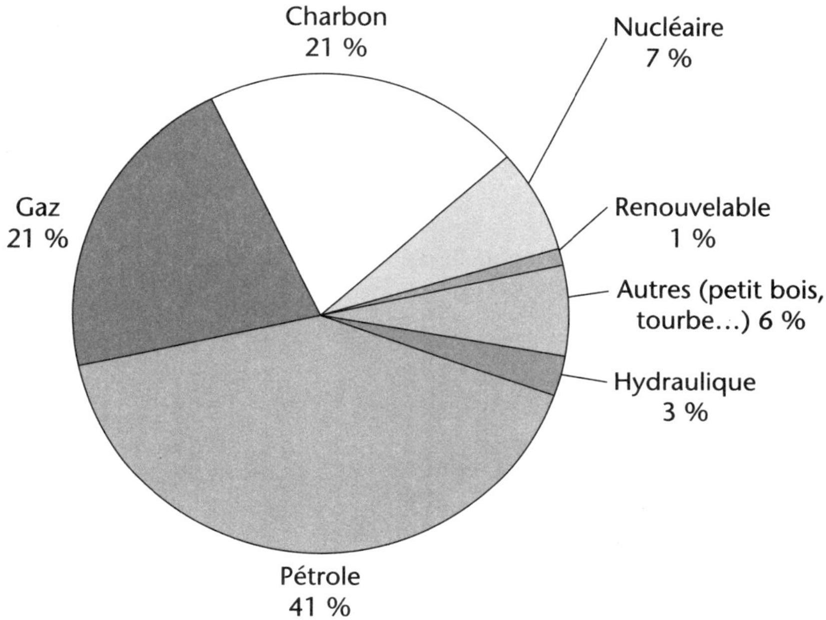

Les quantités de pétrole brut consommées sont considérables. Dans le monde, les besoins annuels s'élèvent[7] à 27 milliards de barils. Les trois premiers pays consommateurs sont les États-Unis, qui à eux seuls absorbent le quart de la production mondiale, suivis de la Chine avec 8 % et du Japon.

Un Américain consomme deux fois plus d'énergie, et en particulier de pétrole, qu'un Européen pour un niveau de confort équivalent.

En matière de consommation d'énergie par habitant, il existe des inégalités extrêmes, sans précédent dans l'histoire de l'humanité[8]. Cette inégalité s'établit au cours de la première moitié du XIXe siècle, lorsque l'Europe et l'Amérique du Nord prennent une nette avance technologique permettant la mobilisation industrielle du charbon puis du pétrole. Leur avance s'accélérera avec l'exploitation de l'ensemble des ressources mondiales, sous un mode colonial, commercial ou politique. Les gisements d'énergies fossiles ne seront mis en exploitation, jusqu'en 1914, que dans la mesure où ils sont sous le contrôle d'une puissance occidentale [9]. La convergence des ressources fossiles du monde entier vers les pays industrialisés se fait ainsi sur un mode impérialiste. Ce qui implique donc à la fois un contrôle des ressources mondiales, mais aussi une dépendance vis-à-vis des pays d'origine des énergies fossiles prélevées. La consommation d'énergie est un indicateur efficace de cette relation de domination et exprime une hiérarchie mondiale, avec les États-Unis loin devant les autres pays industrialisés comme l'indique la figure suivante.

Figure 1.2 : Consommation annuelle d'énergie par habitant (sources : AIE et BP).

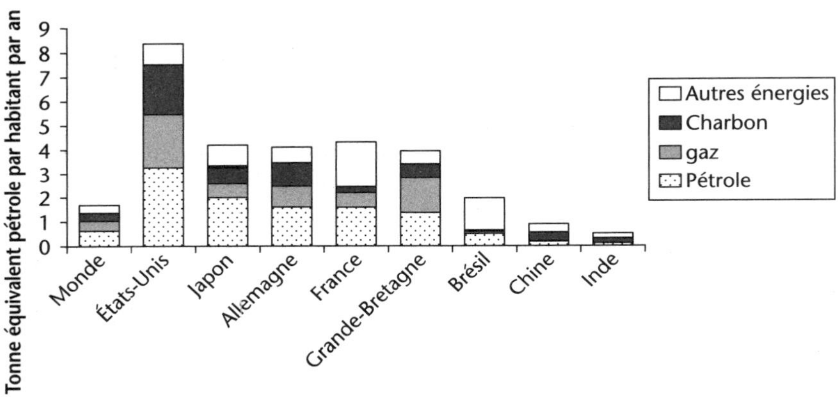

La genèse du pétrole

Schéma général de formation du pétrole et du gaz naturel

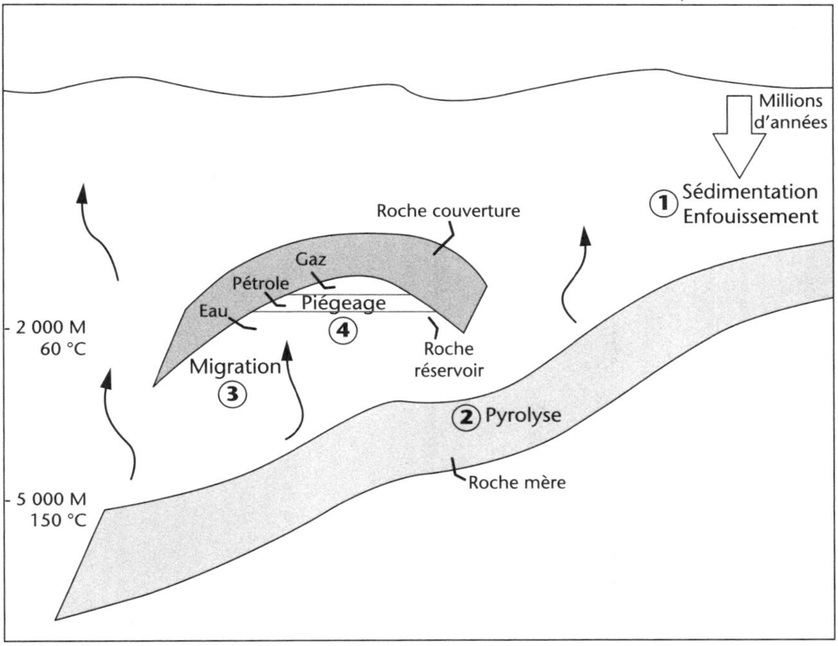

Le pétrole et le gaz naturel se sont constitués au cours d'un même processus comportant quatre étapes :

1. Leur genèse débute il y a plusieurs millions d'années. De minuscules organismes d'origine marine, plancton et algues unicellulaires, meurent. Ils se déposent au fond des océans, se décomposent partiellement et sont piégés dans une boue. Au fur et à mesure que d'autres sédiments s'empilent au-dessus, la boue s'enfonce et se compacte pour progressivement devenir une roche.

2. Au bout de quelques millions d'années, les sédiments tassés et durcis forment ce que l'on appelle une roche mère. Avec l'augmentation de la profondeur, la température croît. Vers moins 2 000 mètres débute la formation de pétrole, vers moins 5 000 mètres celle du gaz naturel.

3. Sous l'effet de la pression considérable qui règne à ces profondeurs, du pétrole, du gaz, mais aussi de l'eau sont expulsés de la roche mère et entament une migration vers les autres roches poreuses et perméables environnantes. La migration s'effectue vers des zones de moins forte pression, donc vers la surface.

4. Parfois, pétrole et gaz naturel sont piégés lors de leur remontée par une couche de roche imperméable. Si celle-ci a une forme concave (bol inversé), il y a alors formation d'un gisement d'hydrocarbures piégés dans une roche réservoir. Petit à petit, sous l'effet de leurs densités différentes, gaz, pétrole et eau se séparent au sein de la roche réservoir et forment des couches. Étant plus léger, le gaz se situe au-dessus, puis vient le pétrole et enfin l'eau.

Le pétrole brut, un produit naturel qui doit être décomposé pour pouvoir être utilisé

Le pétrole ne se consomme pas directement. Il doit être transformé en produits pétroliers tels que, par exemple, essence, gazole, fioul ou kérosène. Cette opération de décomposition se fait dans une raffinerie. Chacun des produits pétroliers obtenus est adapté à un type de moteur ou plutôt à un type de convertisseur. Ce terme plus général désigne tout système destiné à convertir une forme d'énergie en une autre. Ainsi l'essence ou le gazole sont adaptés chacun à un type de moteur particulier et le fioul est utilisé dans les brûleurs des centrales de chauffage ou de production d'électricité.

Le pétrole brut est un produit naturel qui ne s'utilise pratiquement jamais en l'état. Le raffinage consiste simplement à chauffer le pétrole pour séparer ses composants et obtenir une certaine quantité d'essence, de gazole, de kérosène, de fioul et de bitume. [Voir « Le raffinage », p. 28.] Chaque pétrole brut est unique et donne naturellement une quantité variable de chacun des produits pétroliers. Nous parlons du pétrole, nous pourrions parler *des* pétroles. Les différents crus portent un nom, généralement associé au gisement dont ils proviennent. Par exemple le Brent vient de la mer du Nord, l'Arab Berri du gisement nommé Berri en Arabie saoudite, le Tengiz du Kazakhstan et le Boscan du Venezuela. Un cru est unique de par sa composition. C'est un « cocktail » composé de toutes les familles de molécules d'hydrocarbures possibles mais dans des proportions variables. Naturellement, chaque cru va permettre d'obtenir une quantité donnée de chacun de ses sous-produits, de l'essence au bitume. Or la demande mondiale en divers sous-produits du pétrole ne correspond pas à la composition de tous les crus de brut. La composition du Brent est quasi idéale par rapport à cette demande mondiale : il fournit environ 35 % d'essence alors que par exemple le Boscan, un pétrole dit « lourd », n'en fournit que 4 %. L'activité de raffinage est donc soumise à des contraintes qui, bien que susceptibles de s'assouplir dans certains cas, ne permettent pas d'utiliser n'importe quel pétrole pour n'importe quel usage.

Le raffinage

Les raffineries sont aujourd'hui de grands complexes industriels qui fonctionnent en continu. Elles transforment du pétrole brut en produits pétroliers propres à la consommation tels qu'essences, huiles et bitumes, qu'il s'agira de vendre sur des marchés de gros spécifiques. Les trois opérations qui sont réalisées dans une raffinerie sont l'épuration, la séparation et la conversion.

Les procédés d'épuration permettent d'éliminer les impuretés contenues dans le pétrole brut, essentiellement du sel et du soufre.

Le pétrole brut est un cocktail principalement composé de molécules d'hydrogène et de carbone. Plus le nombre d'atomes de carbone par molécule est faible, plus le résidu obtenu est léger. Le méthane par exemple ne comporte qu'un atome de carbone pour 4 d'hydrogène ; c'est l'hydrocarbure le plus léger qui puisse exister. On trouve des fractions d'hydrocarbures gazeux dissous dans le pétrole.

La séparation est le procédé de base, réalisé depuis les origines dans ce l'on appelait alors des distilleries et dont la première vit le jour en 1830 à Bakou, en Azerbaïdjan, qui appartenait alors à la Russie. L'opération consiste à chauffer le pétrole brut pour obtenir par évaporation les différentes fractions de produits pétroliers dans d'immenses alambics. Les principaux produits obtenus en fonction de leur teneur en carbone sont les suivants :

- Butane et GPL : 4 atomes de carbone
- Essence : de 4 à 12 atomes de carbone
- Gazole : de 10 à 24 atomes de carbone
- Huiles de moteur : de 20 à 60 atomes de carbone
- Fiouls : de 20 à 300 atomes de carbone
- Bitumes : de 50 à 300 atomes de carbone

La conversion est une opération qui permet de transformer des produits lourds en produits légers en « cassant » sous l'effet de la chaleur les grosses molécules puis d'en créer de plus légères en ajoutant de l'hydrogène ou en retirant du carbone. Mais ces opérations coûtent très cher et sont très consommatrices d'énergie.

Les raffineries sont généralement situées dans les pays consommateurs plutôt que dans les pays producteurs. En effet, le transport du pétrole brut est techniquement plus simple que le transport de produits pétroliers. Des raisons de sécurité stratégique et de contrôle commercial des dérivés du pétrole vont dans ce même sens.

Le pétrole, la source d'énergie indispensable aux transports

Les transports représentent le premier des débouchés du pétrole avec la moitié des produits pétroliers consommés au monde. Cette part est en augmentation constante. Les hydrocarbures liquides présentent d'irremplaçables qualités techniques, notamment leur commodité de stockage et de conservation. Le transport des carburants ne nécessite pas de technologie sophistiquée et le stockage ne pose pas de problème, il suffit simplement que le réservoir soit hermétiquement fermé. La quantité d'énergie contenue dans un réservoir de voiture offre une autonomie souvent supérieure à 1 000 kilomètres, couvrant largement des déplacements en large majorité inférieurs à 150 kilomètres. Les progrès techniques tendent à améliorer les rendements des moteurs, qui voient leur consommation diminuer et donc leur autonomie augmenter. La maintenance de la mécanique du moteur à explosion utilisé notamment dans l'automobile a pu, jusqu'à la généralisation récente de l'électronique embarquée, être effectuée avec un outillage simple, ce qui a favorisé son développement. Non seulement les carburants pétroliers n'ont pas de concurrent sur les plans technique et économique, mais en plus leur faible coût a contribué à l'essor du secteur des transports.

Tous les véhicules se sont convertis aux combustibles d'origine pétrolière. Les divers avantages ont conduit navires, avions et certains trains à l'utilisation de fioul, de kérosène ou de gazole. On estime que, dans le monde, plus de 95 % des déplacements effectués utilisent comme propulsion le couple pétrole-moteur à explosion[10].

Le tourisme est aujourd'hui l'un des premiers secteurs économiques du monde. Les facilités accordées à l'implantation d'aéroports en vue de dynamiser une région ou un territoire participent à l'essor de l'aviation civile, forte consommatrice de kérosène. Un Boeing 747 peut embarquer 210 tonnes de carburant pour 450 passagers. Les dépenses en carburants et lubrifiants représentent le tiers des frais d'exploitation de la majorité des vols long-courriers[11]. Il s'agit du moyen de transport le plus dépendant du prix du pétrole brut – ainsi, les hausses des cours du pétrole de mai et août 2004 ont été répercutées sur le prix des billets. Le tourisme a simultanément bénéficié de l'essor des transports et y a participé, puisqu'en quarante ans le nombre de voyages internationaux a été multiplié par sept pour atteindre 703 millions en 2002[12].

La disponibilité à prix réduit de pétrole est intégrée dans les pratiques économiques. Le faible coût des transports et leur rapidité permettent aux entreprises de s'approvisionner à des distances de plus en plus lointaines. À l'échelle de la planète, ce phénomène, la mondialisation, s'est accéléré ces dernières décennies avec l'extension de la disponibilité d'infrastructures et de moyens de transport efficaces. La recherche de nouveaux marchés et de coûts de production plus bas conduit à une augmentation du trafic routier et des quantités de carburant consommées. L'approvisionnement des sites de production industrielle à flux tendu, qui tend à se généraliser, signifie que les marchandises nécessaires sont acheminées à la demande, au moment souhaité. Les entrepôts et leurs frais inhérents sont ainsi réduits. Lorsque le concept est poussé au maximum, on peut parler de « stock roulant ». À titre d'exemple, des crevettes pêchées au Danemark sont décortiquées au Maroc et réexpédiées dans leur pays d'origine, le transport se faisant principalement par camion. La différence de coût de main-d'œuvre de ces deux pays est suffisante pour rendre l'opération économiquement rentable[13].

Le succès des transports utilisant un carburant pétrolier s'explique en partie par les incitations financières indirectes à l'utilisation de véhicules, notamment routiers et aériens. Hormis le prix du carburant, qui est un coût direct, de nombreux frais liés à l'utilisation d'un véhicule ne sont pas à la charge de son propriétaire ; on parle alors d'« externalités », élément parfois complexe à évaluer. La pollution est l'exemple type, mais c'est loin d'être le seul : l'infrastructure routière (construction, entretien des routes...), où les frais liés aux accidents (pompiers, souffrances imposées à des tiers, SAMU, hospitalisation...) sont à la charge de la société, en est un autre exemple. Cela revient à une subvention du transport routier, aussi bien de marchandises que de voyageurs, au détriment d'autres moyens de locomotion. Par exemple, le coût plus élevé du transport ferroviaire est dû au fait que les frais d'entretien des voies ferrées sont à la charge de l'utilisateur. Aux États-Unis, certains économistes estiment que les frais de l'armée américaine dans le golfe Persique pour protéger les intérêts pétroliers devraient être inclus dans les externalités.

L'évaluation des coûts d'externalités est assez subjective, à combien chiffrer la pollution par exemple ? La Commission européenne a tout de même déterminé des montants, ce qui présente l'avantage d'offrir une base de référence pour les réflexions sur ce sujet. La figure suivante concerne les transports voyageurs.

Figure 1.3 : Coûts induits (externalités) des transports de voyageurs en euro par passager pour 1 000 km (source : Commission européenne 2001).

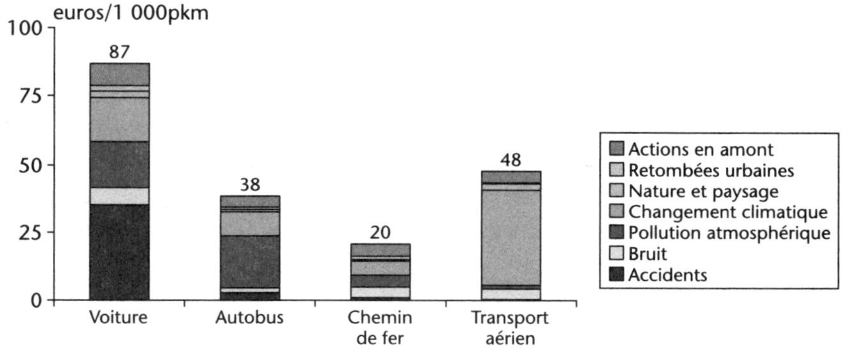

Ramené au passager pour une distance donnée, la voiture est de loin le moyen de transport qui génère le plus de coûts pour la collectivité. Ceux du transport aérien concernent essentiellement le dérèglement climatique, une perturbation plus diffuse à la charge de la communauté humaine.

Chauffage et production d'électricité

Un peu plus d'un quart de la production de pétrole est transformée en fioul destiné au chauffage des habitations individuelles et des locaux du secteur tertiaire. Les réseaux collectifs de chauffage utilisent généralement plusieurs sources d'énergie. Ils sont majoritairement « bi-énergie », mais peuvent utiliser jusqu'à quatre sources différentes (pétrole, gaz, charbon et bois). Le chauffage individuel, plus simple, n'utilisera que du fioul stocké dans une citerne pour venir s'ajuster aux besoins cycliques en chauffage, plus importants en hiver.

Le dixième du pétrole mondial est destiné à la production d'électricité. Le produit pétrolier employé est ici encore du fioul, produisant de la chaleur servant à alimenter les turbines de centrales électriques. En cas de besoin, d'autres sources de chaleur peuvent être utilisées. Les centrales au gaz naturel offrent un excellent rendement et sont de plus en plus employées. Il est possible de modifier rapidement certaines centrales à charbon pour les faire fonctionner au fioul lourd comme cela fut le cas lors des grèves des mineurs britanniques en 1984.

La pétrochimie et ses prodigieuses matières

En 1892, le scientifique Dmitri Mendeleïev, inventeur de la brillante classification périodique des éléments chimiques, écrivait au gouvernement du tsar[14] : « Ce matériel est trop précieux pour être brûlé. Quand nous brûlons du pétrole, nous brûlons de l'argent. Il faut l'utiliser comme matière première de la synthèse chimique. » Aujourd'hui environ 8 % du pétrole brut est utilisé par l'industrie pétrochimique, dont l'activité consiste en la réalisation de matériaux de synthèse, les plus connus étant les matières plastiques. La pétrochimie fait suite au développement de la carbochimie, qui avait pour base le carbone issu du charbon.

En un demi-siècle, par l'introduction de matériaux nouveaux, la pétrochimie a transformé notre quotidien. En Europe, le débarquement des soldats américains en 1944 apporte la liberté, mais aussi les premières applications de la pétrochimie grand public, les plus célèbres étant les bas Nylon et le chewing-gum. Depuis, cette industrie a investi la quasi-totalité des compartiments de notre vie. Voici quelques exemples regroupés par famille.

Les matières plastiques sont utilisées dans de nombreux domaines. Des claviers d'ordinateurs au mobilier en passant par les flacons de crème solaire ou les stylos Bic™ et les lentilles de contact jetables. Les jouets bénéficient avec plus ou moins de bonheur de ces innovations : briques Lego™, figurines Playmobil™, poupées Barbie™, soldats Action-man™.

Les caoutchoucs de synthèse sont, entre autres, utilisés dans les joints d'étanchéité, les isolants électriques, mais également dans les semelles de chaussures, les gants médicaux jetables et les préservatifs.

Les premières fibres synthétiques, en Nylon, ont été remplacées par d'autres plus modernes, parfois devenues des marques tel que Gore-Tex™ ou Lycra™. Ce dernier, utilisé pour la confection des maillots de bain, est d'un usage si courant et pratique que l'on peine à se souvenir ou à imaginer qu'il succède à la maille de laine. Les fibres ne se limitent pas à l'habillement ; elles entrent dans la composition de nombreux matériaux courants tels que moquettes, voiles de bateaux ou un antiadhésif que l'on retrouve dans les poêles et casseroles : le Teflon™.

Le pétrole accompagne aussi l'essor des loisirs avec les CD musicaux et les DVD. Et certains sports ne pourraient exister sans pétrochimie. Ainsi la plongée sous-marine doit son succès aux dérivés du pétrole dont sont constituées les combinaisons Néoprène, joints de masque, palmes en caoutchouc, flexibles d'arrivée d'air... Par ailleurs, une série de sports à propulsion éolienne n'ont pu se développer qu'avec des matériaux synthétiques : parapente, planche à voile, catamaran et plus récemment kite-surf. Dans un autre domaine, les dérivés de produits pétroliers sont employés pour la confection de certains médicaments.

Du côté ménager, les détergents ont progressivement remplacé le savon d'origine naturelle et entrent dans la composition de la plupart des produits de nettoyage. Cire et paraffine d'origine pétrochimique supplantent les produits naturels pour la confection de bougies et de rouge à lèvres entre autres. Enfin, les pesticides et engrais sont aujourd'hui essentiellement à base d'hydrocarbures.

Au service de l'agroalimentaire

Au cours de l'histoire, les techniques agricoles et d'élevage ont sans cesse progressé afin d'accroître les quantités de nourriture disponible pour se prémunir contre les mauvaises récoltes et les famines. L'agriculture a représenté pendant plusieurs millénaires un apport énergétique net, sous forme de calories ; ce n'est plus le cas avec les pratiques actuelles dans les pays développés. Aujourd'hui, on doit investir sous forme d'hydrocarbures deux fois plus d'énergie que l'on en récolte sous forme de calories comestibles[15]. Cela a fait dire à Yves Cochet, ancien ministre de l'Aménagement du territoire et de l'Environnement, que « nous mangeons du pétrole ».

Dans les pays développés, l'agriculture est fortement mécanisée, à l'instar du secteur des transports. Tracteurs et moissonneuses-batteuses fonctionnent au gazole agricole, qui est très faiblement taxé. C'est un mécanisme incitatif à l'utilisation de produits pétroliers dans l'agriculture, mais cela contribue à réduire la main-d'œuvre nécessaire et permet de rendre le travail agricole moins pénible.

Les engrais industriels sont produits à partir d'hydrocarbures. L'hydrogène issu principalement du gaz naturel entre dans la composition des engrais azotés, liant fortement le prix des engrais à celui du pétrole[16]. Par ailleurs, l'utilisation croissante d'engrais pose un problème de pollution de l'eau avec la contamination des nappes phréatiques par des nitrates issus de l'agriculture intensive.

Le développement constant de l'irrigation nécessite un apport énergétique pour le pompage, bien souvent fourni par des moteurs Diesel, notamment dans les régions du monde difficilement accessibles.

La culture sous serre se développe là où l'énergie est peu chère. Les Pays-Bas, qui possèdent de grands gisements de gaz naturel, sont progressivement devenus un des premiers exportateurs de tomates alors que leur climat ne les prédestinait pas à cette activité[17].

La distance parcourue par les produits agricoles de leur lieu de production à leur lieu de vente est de plus en plus importante. La priorité n'est pas accordée aux productions locales. Il faut parfois ajouter un trajet en cargo, voire en avion, lorsque les productions sont importées d'autres continents.

Enfin, la majeure partie des produits agroalimentaires est conditionnée dans des emballages en matière plastique : eaux minérales, sodas, yogourts, charcuterie, fromages, céréales, saumon fumé, plats cuisinés, surgelés... La réfrigération est consommatrice de beaucoup d'énergie, tout comme le chauffage des serres.

Ainsi, le pétrole et ses dérivés interviennent à quasiment toutes les étapes de la chaîne agroalimentaire, permettant une meilleure conservation des aliments et de meilleurs rendements agricoles. Une étude réalisée aux États-Unis montre que l'énergie consommée par l'ensemble de la chaîne alimentaire représente 10 fois l'énergie restituée sous forme de calories utilisées pour l'alimentation humaine[18].

La part de l'énergie consommée par l'agriculture est minimisée dans les bilans officiels (moins de 3 % pour la France[19]), qui n'incluent pas la production d'engrais et de pesticides, comptabilisés dans les productions industrielles. Pour avoir une vision de l'énergie que consomme l'ensemble du secteur agroalimentaire, il faut donc ajouter une part incluse dans d'autres secteurs économiques : les transports, l'industrie et les emballages.

Compte tenu des quantités consommées, qui demeurent relativement faibles, ce qui est à craindre n'est pas une rupture de l'approvisionnement mais un renchérissement important des prix du secteur agroalimentaire. En quelques décennies, la part du pétrole dans les prix agricoles est devenue de plus en plus élevée. D'ici à la fin du siècle, en fonction de l'évolution de la population, se posera le problème de savoir s'il sera possible de nourrir l'ensemble des habitants de la planète sans hydrocarbures.

Une relation de dépendance croissante

Progressivement, l'utilisation du pétrole se développe au point de devenir un pilier de nos sociétés. Suivant les usages et les situations, le niveau de dépendance est plus ou moins fort. Il dépend de la capacité à trouver un moyen de substitution dans des conditions économiques satisfaisantes, dans un délai raisonnable et en quantité suffisante. Si les moyens de substitution nécessitent des développements ou des mises au point, les longs délais de modification ou de mise en place de la filière de production industrielle maintiennent l'usage captif du pétrole pour quelques décennies supplémentaires.

Les forces armées ont un besoin impérieux de pétrole et cela essentiellement pour la fonction de transport. Chars d'assaut, avions de chasse, hélicoptères, bombardiers, navires de guerre, barges de débarquement fonctionnent au pétrole au sein d'une armée moderne. C'est lors de la Première Guerre mondiale que le virage stratégique a été amorcé. En 1917, Georges Clemenceau[20] envoyait un télégramme au président Wilson indiquant que l'essence était « aussi vitale que le sang pour les batailles à venir » et précisant que « toute rupture dans l'approvisionnement en carburant provoquerait la paralysie immédiate de nos armées ». Depuis lors, le souci de l'approvisionnement en carburant sera constant dans les conflits armés et de nombreuses batailles auront comme objectif direct l'appropriation des ressources pétrolières.

L'importance de l'usage militaire du pétrole, ajoutée aux profits générés par son exploitation, est un obstacle à la transparence de certaines transactions autour des activités pétrolières. Les accords entre compagnies ou pays producteurs et consommateurs présentent parfois des contreparties douteuses, voire illégales, qu'aucune des parties prenantes ne souhaite dévoiler.

Parmi les divers emplois du pétrole, une distinction est faite entre les usages captifs et d'appoint. Un usage captif signifie qu'il n'existe pas de moyen de substitution viable dans des conditions économiques comparables. Aujourd'hui, les transports sont dans ce cas de figure. Les produits pétroliers servent de carburant moteur et entrent dans la composition d'éléments indispensables : pneumatiques, chambres à air, huiles lubrifiantes, bitume, macadam et pièces de carrosserie.

Il existe bien des moyens de substitution opérationnels, tels que les véhicules à propulsion électrique, mais leur coût de revient est élevé et leur autonomie faible. De plus, en imaginant qu'un véhicule économiquement et techniquement viable soit créé, le temps nécessaire à une diffusion significative dans le parc automobile demanderait plus d'une décennie.

N'oublions pas qu'il faut commencer par modifier les chaînes de montage avant de produire le premier véhicule.

Lorsque le pétrole n'est qu'un usage d'appoint, il peut être remplacé par une autre source d'énergie dans un délai plus ou moins long. Ainsi certaines centrales électriques sont équipées de turbines qui peuvent indifféremment fonctionner au gaz naturel ou au fioul lourd, le passage de l'un à l'autre ne prenant que quelques heures. Il est possible de modifier dans des délais plus longs certaines centrales à charbon pour les faire fonctionner au fioul lourd et *vice versa*.

S'il existe une alternative aux usages d'appoint, il faut garder à l'esprit que la modification des infrastructures et de l'acheminement des combustibles peut prendre du temps. La mise en œuvre d'investissements industriels lourds prend fréquemment de cinq à dix ans et mobilise des ressources et compétences importantes créant une forte inertie. De plus, les combustibles de substitution ne sont pas toujours disponibles au bon endroit en quantité suffisante. Parmi les autres usages d'appoint du pétrole se trouve l'agriculture. Il existe bien des techniques agricoles utilisant moins d'hydrocarbures, mais celles-ci offrent des rendements souvent moins élevés, nécessitent plus de main-d'œuvre et un apprentissage ou une formation des exploitants agricoles. Les adopter prendrait du temps et nécessiterait un changement de comportement alimentaire, qui reviendrait par exemple à réduire la consommation de viande puisque la production de calories d'origine animale nécessite plus d'énergie que celle des calories d'origine végétale.

Depuis un siècle et demi, notre dépendance au pétrole va croissant. En 1935 déjà, deux Américains écrivaient : « Le pétrole est devenu de plus en plus nécessaire à tous. À l'origine, il était utilisé pour la médecine, l'éclairage et la lubrification. Aujourd'hui, si la fourniture de pétrole était coupée, notre mode de vie changerait complètement jusqu'à ce que l'on trouve quelque chose d'autre pour le remplacer[21]. » Soixante-dix ans plus tard, la production mondiale a été multipliée par 16 et notre dépendance est plus forte que jamais.

Chapitre 2
La déplétion et le pic de production

« De la vallée, on voit de grandes choses.
Du sommet du pic, on n'en voit que de petites. »
Gilbert Keith Chesterton

Nous savons depuis longtemps que le pétrole, primordial dans nos sociétés, est une ressource épuisable. Son déclin, que l'on appelle déplétion, est encore peu fréquemment expliqué. La manière dont la décroissance du pétrole va se dérouler est simple et fera peut-être partie du programme d'enseignement de l'école primaire d'ici à quelques décennies. Voyons donc ce qu'est le phénomène de déplétion de la production de pétrole et comment le prévoir.

L'épuisement des réserves de pétrole est généralement présenté de manière simpliste et ne mentionne pas toujours le débit de production de pétrole. Or il s'agit là d'un point fondamental et indispensable à la bonne compréhension du phénomène de déplétion qui nous intéresse. Le débit s'exprime en millions de barils extraits par jour (Mb/j) et c'est justement lui qui va bientôt atteindre un maximum.

Le pic de production mondiale de pétrole est un événement qui ne se présentera qu'une seule fois dans l'histoire. Or prédire un événement unique de cette nature pose le problème de la méthode à employer et de la manière de vérifier sa validité. En observant attentivement une région ayant déjà décliné, il est possible de percevoir le phénomène qui s'y est déroulé.

Les États-Unis représentent l'exemple idéal, un cas d'école. La production y a décliné en 1970, ce qui permet d'avoir un certain recul sur la situation. Le géologue Marion King Hubbert a mis au point une méthode élémentaire lui donnant la possibilité de prédire avec succès, dès 1956, que le pic américain serait atteint quatorze ans plus tard. Les grands principes que sa théorie a mis au jour sont toujours appliqués aujourd'hui, notamment en ce qui concerne le rôle central accordé à l'observation des découvertes de pétrole.

Pic de production et déplétion sont inséparables

Selon la théorie de Hubbert, l'exploitation d'une ressource naturelle épuisable suit une courbe en cloche qui ressemble à une courbe de Gauss. Le sommet de cette courbe correspond au moment où les capacités mondiales de production de pétrole atteignent leur maximum avant de décroître.

Figure 2.1 : Courbe de Hubbert : cas simplifié de la courbe de production de pétrole mondiale.

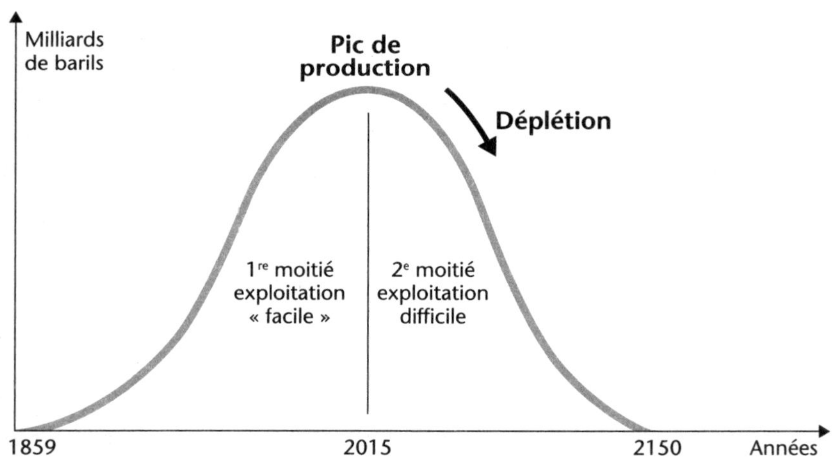

Schématiquement, la production de pétrole peut se diviser en deux parties de même volume. Dans la première moitié, le pétrole est plus facile à découvrir et à extraire que dans la seconde moitié. La déplétion est le nom du phénomène de décroissance de la production survenant une fois le pic atteint. Les deux événements, pic et déplétion, sont donc intimement liés.

Le pic est un moment précis dont on essaye de prévoir la date. Il revêt un caractère symbolique car le véritable problème est la déplétion, dont les conséquences varient suivant la vitesse à laquelle la production décroît. Par exemple, un taux de décroissance de 10 % est très rapide, puisqu'en à peine plus de six ans la production serait divisée par deux, alors que si ce taux de déplétion était de 2 %, il faudrait une quarantaine d'années pour arriver à la même réduction de moitié.

Nous parlons de pic de production du pétrole, mais qu'en est-il de l'évolution de la consommation ? Au niveau mondial, la production et la consommation sont identiques. Le seul moyen d'engendrer une différence entre chiffres de production et de consommation à un moment donné consisterait à faire appel à du pétrole que l'on aurait préalablement stocké. De tels stocks, dits « stocks stratégiques », existent mais : d'une part, leur volume est limité ; puisqu'ils n'excèdent pas trois mois de consommation et d'autre part, les variations de ces stocks sont très faibles comparativement à la production journalière de pétrole. Par conséquent, la courbe de production mondiale de pétrole est identique à celle de la consommation mondiale. Cela n'est vrai qu'au niveau mondial puisque, en considérant une région ou un pays, les effets d'import ou d'export de pétrole sont loin d'être négligeables. Par exemple, l'Arabie saoudite et la Fédération de Russie sont les premiers pays producteurs (respectivement 418 et 380 millions de tonnes produites en 2002[a]), alors que les premiers pays consommateurs sont les États-Unis et la Chine (respectivement 894 et 259 millions de tonnes consommées en 2002[b]).

La déplétion est un phénomène pour l'instant méconnu des non-spécialistes. Il est quasi spécifique[c] aux ressources en énergie fossile, invisibles à l'œil nu. Les hydrocarbures sont piégés dans des gisements souterrains ; impossible donc de voir leur niveau baisser ou de visualiser l'état de leurs stocks. Pour cela un appareillage sophistiqué est nécessaire. Une autre raison de la méconnaissance du concept est que la vie courante n'offre pas d'exemple de nature similaire susceptible de nourrir une représentation

---

a. D'après BP *Statistical Review* 2003.

b. D'après BP *Statistical Review* 2003.

c. Il est aussi utilisé en médecine. En toute rigueur, le terme de déplétion signifie simplement la diminution de la quantité de quelque chose ; donc la déplétion du pétrole débute dès le premier litre produit. En pratique, il est employé à propos des ressources naturelles pour parler de la baisse du débit d'un gisement, d'une province pétrolière, d'une région ou du monde entier.

mentale d'un tel phénomène. La notion courante la plus proche à laquelle se raccrocher est celle de pénurie, mais celle-ci est simple et binaire : le bien considéré existe en quantité suffisante ou non. Or, dans le cas de la déplétion, le pétrole existe en quantité suffisante pour plusieurs décennies, mais il faut comprendre que le problème se situe au niveau du débit souhaité qu'il ne sera pas possible d'obtenir. Tant que nous confondons déplétion et pénurie, nous sommes confrontés à un message incompréhensible : la pénurie d'une ressource abondante.

La méconnaissance du phénomène de déplétion engendre la confusion classique entre pic de production et fin du pétrole. Tout ce que l'on sait est que la dernière goutte de pétrole sera certainement utilisée par un engin militaire, mais la date de cet événement est très lointaine et aura probablement lieu au XXIIe siècle. Pour fixer les esprits, avançons la date, totalement arbitraire, de 2150[d]. En réalité, il est quasi impossible de prévoir la date de la fin totale du pétrole car il est toujours possible qu'un minuscule gisement échappe aux explorations et ne soit découvert que bien plus tard.

Que signifie : « Il reste quarante années de pétrole » ?

Une description courante des réserves mondiales de pétrole, mais aussi de gaz naturel ou de charbon, consiste à les exprimer en années de production. On parle de « ratio R/P » (réserves divisées par production). Une telle manière de présenter une quantité importante d'hydrocarbures est simple et paraît compréhensible par tous, elle se veut même rassurante. Mais cette représentation est trompeuse pour plusieurs raisons : elle n'est pas conforme à la réalité qui s'annonce, elle postule une consommation annuelle constante et elle fait abstraction du débit de production, qui est justement une clé importante de la compréhension du problème.

En toute rigueur, il faudrait dire : « Les réserves mondiales de pétrole représentent quarante fois la production annuelle actuelle. » Bien que moins concise, cette formulation permet de comprendre et de corriger l'abus de langage commis. En effet, « il reste quarante années de pétrole[e] » pourrait laisser entendre que, pendant quarante ans, le débit de la production va

d. En considérant que le début de l'industrie pétrolière se situe en 1859, que le pic de production est en 2015, par symétrie la fin du pétrole est en 2171. 2150 est un bon ordre d'idée.
e. Le chiffre de quarante années de pétrole est explicitement cité dans le rapport annuel *BP Statistical Review of World Energy 2004*.

rester stable et que lors de la 41e année, elle passera à zéro, provoquant une pénurie totale du jour au lendemain qui, soit dit en passant, serait absolument catastrophique. Or le phénomène de déplétion est progressif, donc la fin du pétrole ne se produira pas brutalement.

Le ratio R/P implique un nombre d'années au cours desquelles le débit de la production demeure étonnamment fixe. Étonnamment, car il existe un véritable culte de la croissance dans nos sociétés. Si l'on tente d'intégrer une augmentation annuelle, que se passe-t-il ? Si l'on considère une augmentation annuelle du débit de production de 2 %, proche de ce qui est actuellement constaté, alors le nombre d'années de réserves diminue. La diminution est même importante puisqu'elle passe de quarante à trente ans seulement. Le « modèle » ainsi constitué n'est plus aussi simple que le ratio R/P, certes, mais il présente les effets d'une petite augmentation exponentielle répétée tous les ans.

Dans la figure suivante, on peut noter la chute brutale et irréaliste.

Figure 2.2 : Production annuelle de pétrole au niveau mondial et représentation du ratio R/P simple et R/P avec 2 % d'augmentation.

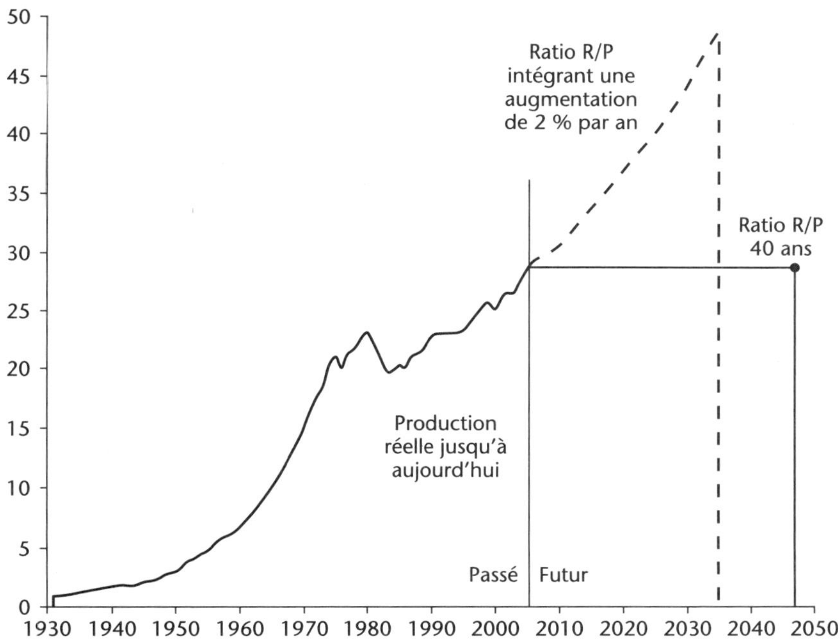

Le ratio R/P a le mérite de l'extrême simplicité, mais il ne contribue pas à clarifier la réalité de la situation en faisant abstraction des variations de débit de production, qui sont justement la clé du problème. On nous rappelle habituellement que ce ratio était de trente ans dans les années 1970, qu'il est maintenant de quarante ans et que cela démontre bien qu'il ne serait pas nécessaire de s'inquiéter puisque l'on découvre toujours du pétrole. Mais la véritable conclusion à tirer est plutôt que cette manière de représenter les réserves n'est pas très utile : il ne s'agit pas du bon thermomètre. Depuis quelques années, ce ratio n'augmente plus et diminue même légèrement. Fondé sur des données discutables, il a significativement augmenté au cours des années 1980, ce qui s'explique par une supercherie concernant le montant des réserves officielles de l'OPEP sur laquelle nous reviendrons au chapitre suivant. « Il reste quarante années de pétrole » est donc une représentation qu'il convient de ne pas utiliser avant d'avoir expliqué le phénomène de déplétion.

Le mécanisme de la déplétion est lié au rythme de remplacement des gisements épuisés

Ce sont les difficultés croissantes dans la découverte et l'exploitation de nouveaux gisements qui vont inéluctablement conduire à une baisse de la production mondiale de pétrole. Un exemple imaginaire permet d'expliquer le mécanisme de déplétion en l'appliquant à une ressource visible : le bois. Sur une petite île, parmi les habitants, il n'y a qu'un seul menuisier et une forêt dans laquelle il va puiser le bois pour la confection de meubles. Il existe de grands et de petits arbres, tout comme il existe de grands et de petits gisements de pétrole. Lorsqu'une commande lui est adressée, il a besoin de planches et il va abattre un arbre. Au départ, c'est simple : il choisit de gros arbres proches de la menuiserie, ce qui lui permet d'obtenir facilement un grand nombre de planches. Il peut donc augmenter le débit de sa production. Au fur et à mesure que les commandes augmentent, car c'est un bon menuisier, il abat d'autres gros arbres. Progressivement, il doit s'éloigner de plus en plus, donc prendre de plus en plus de temps pour trouver et ramener du bois. Il peine à augmenter sa production. Puis les gros arbres se font rares et il doit en abattre de plus petits, qui donnent moins de planches. Il doit donc en abattre plus souvent. Arrive un moment où la difficulté de la collecte fait que le menuisier ne peut plus augmenter le débit de sa production. Il peut toujours produire des meubles, il existe bien des arbres disponibles, mais la production inexorablement décroît. Vous allez me dire qu'il pourrait embaucher quelqu'un pour l'aider à abattre les arbres. Effectivement. Mais notez que cela ne ferait que repousser le problème : la production pourrait se maintenir ou augmenter un temps et devrait ensuite décroître encore plus vite. On peut aussi se dire qu'il devrait simplement attendre quelques décennies que les arbres repoussent suffisamment.

Toutefois ne poussons pas trop loin cet exemple simplement destiné à illustrer le plus concrètement possible le phénomène de déplétion d'une ressource non renouvelable.

Pour augmenter le débit de la production de pétrole, le seul moyen consiste à exploiter un gisement supplémentaire. L'exploitation d'un gisement répond à des contraintes géologiques, techniques et financières conduisant à optimiser l'ensemble des équipements du chantier. Ces contraintes déterminent le nombre de puits d'exploitation et les capacités de traitement et de transport du pétrole produit, qui détermineront finalement la capacité de production maximale du gisement. Une fois en place, les installations indispensables, lourdes et coûteuses, seront rarement modifiées. Le débit de la production atteint un plateau, par exemple de 300 000 barils par jour, qui sera maintenu le plus longtemps possible. [Voir « Profil de production d'un gisement », p. 44.] Pour une compagnie pétrolière, compte tenu de l'effet plateau, le seul moyen d'augmenter sa production globale consiste à mettre en œuvre l'exploitation d'un nouveau gisement.

Profil de production d'un gisement

Il s'agit du rythme auquel le pétrole est extrait du sous-sol. Il est déterminé par les ingénieurs réservoir, qui devront avant tout respecter la logique géologique et physique du champ mais aussi tenir compte de la faisabilité technique de la rentabilité économique du projet.

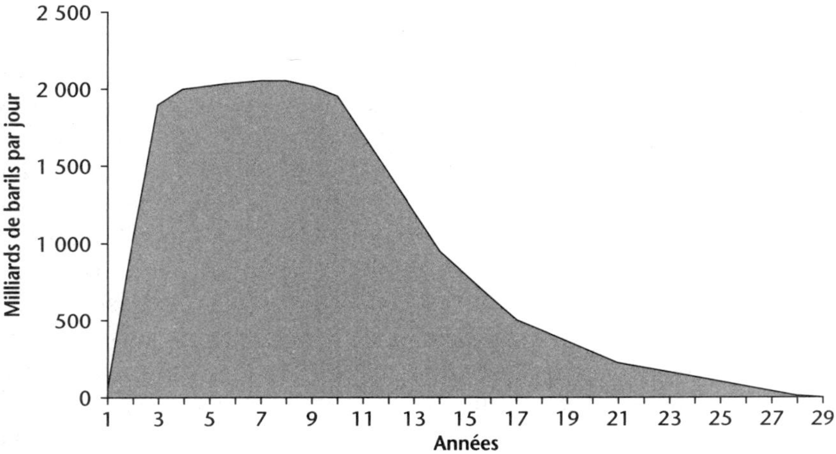

Profil type de production d'un gisement. Ici un champ géant de 10 milliards de barils étalé sur trente ans avec un maximum de 2 millions de barils par jour. Notez que la courbe n'est pas symétrique.

Dans un premier temps, la montée en charge est progressive. De nombreux puits (plus de 100 pour un gisement de cette taille) sont testés et mis en service les uns après les autres. La production atteint ainsi un maximum qui sera tenu pendant toute la phase dite « en plateau ». Puis la production décroît nettement.

Une fois le déclin engagé, celui-ci est inéluctable. Les ingénieurs vont alors essayer de réduire sa pente par des techniques de stimulation de l'extraction : injection d'eau pour augmenter la pression sous le gisement et faire remonter le pétrole plus rapidement, pompage, injection de gaz. En pratique, l'objectif consiste alors plutôt à réduire la durée du chantier car la mobilisation des équipes et du matériel est coûteuse.

Les techniques de stimulation sont censées, selon leurs promoteurs, augmenter la quantité de pétrole récupérée, mais les résultats sont très controversés. Dans 90 % des cas, il n'y a pas augmentation de la production totale du gisement. En effet, la quantité de pétrole récupérable d'un gisement dépend des caractéristiques de la roche réservoir. La porosité détermine la quantité de pétrole que la roche réservoir peut contenir et la perméabilité détermine la facilité de circulation de l'huile et conditionne le débit maximal de récupération.

La satisfaction de la demande croissante de pétrole est une incessante succession de fermetures et de mises en exploitation de nouveaux gisements. Une fois un gisement épuisé, celui-ci est fermé, les équipes et le matériel sont transférés sur un nouveau chantier. Il faut continuellement trouver de nouveaux champs, et ce pour deux raisons : tout d'abord afin de maintenir la production existante, ensuite pour l'augmenter. Différencier ces deux aspects permet d'insister sur le fait que simplement maintenir constant le débit de la production de pétrole nécessite de trouver de nouveaux champs de pétrole pour remplacer la perte de ceux qui arrivent en fin de parcours. Le débit de production perdu chaque année avoisine les 4 millions de barils par jour avec des estimations[22] qui oscillent entre 3,5 et 5 Mb/j suivant les sources[23]. Par exemple, si d'une année sur l'autre l'augmentation de production est de 1,5 Mb/j, il faut en réalité mettre en production 1,5 + 4 = 5,5 Mb/j supplémentaires. Ces chiffres sont corroborés par l'AIE (Agence internationale de l'énergie)[24], qui fait une estimation en termes financiers et indique que pour 4 dollars investis, 3 dollars vont au maintien des capacités de production tandis que seulement 1 dollar est attribué à son augmentation.

L'exploitation de gisements de grande taille a pour double avantage de pouvoir atteindre un plafond de production élevé, et ce pendant une longue durée. Les gros gisements sont donc une bénédiction pour l'industrie pétrolière, mais ils sont de plus en plus rares, donc difficiles et longs à découvrir. [Voir « Les gisements les plus importants ont plus de trente ans », p. 48.] Le phénomène de déplétion découpe schématiquement la production en deux (figure 2.1, p. 38). La première moitié, avant le pic, est relativement facile à exploiter puisque les gisements de grande taille sont nombreux, ce qui permet d'augmenter la production dans de bonnes conditions. Il est possible de choisir les gisements à exploiter, et les plus rentables, c'est-à-dire ceux de grand volume dont le débit maximal est important, sont retenus en premier. Dans cette première moitié, les défis techniques sont continuels, mais ils sont relevés et de nouveaux espaces, tels que le fond des océans, sont découverts et progressivement exploités.

La seconde moitié de la production mondiale de pétrole, située après le pic de production, s'effectuera dans des conditions techniquement moins favorables. Les nouveaux gisements sont de petite taille, plus difficiles à trouver, et les conditions d'exploitation plus complexes. Les champs géants, d'Arabie saoudite par exemple, dont l'exploitation s'est étalée sur plusieurs décennies, arrivent en fin de vie. Il n'est alors plus possible de trouver des gisements d'un débit équivalent pour les remplacer. Le seul recours consiste à mettre en production une multitude de petits gisements, mais le rythme de renouvellement effréné est impossible à tenir. La production mondiale décroît. Les défis à relever sont gigantesques, les gisements offshore atteignent des profondeurs de moins 2 000 mètres et les problèmes techniques engendrés prennent plus de temps à être surmontés. Les types de pétrole difficiles à exploiter, appelés pétroles « non conventionnels », prennent une part plus importante de la production mondiale. Or l'exploitation de ces gisements particuliers nécessite des traitements spécifiques et lourds qui limitent leur débit maximal.

Au fur et à mesure que les difficultés d'extraction croissent, le prix de revient du pétrole s'élève, mais là n'est pas le problème principal, qui demeure un rythme de mise en production de nouveaux gisements impossible à tenir. Le cas de la Norvège, qui a atteint son pic de production en 2001, en est une illustration parfaite. Voici la première phrase du communiqué officiel du *Norvegian Petroleum Directorate*, qui, en 2004, est bien obligé de constater son impuissance : « Bien qu'il coûte moins cher de trouver un baril de pétrole dans le sous-sol norvégien que dans beaucoup d'autres endroits du monde, nous ne parvenons pas à remplacer la production grâce à de nouvelles découvertes. » Ce coût d'exploration est d'un peu plus d'un dollar par baril seulement alors qu'il est négligeable pour les gisements du Moyen-Orient, les plus rentables au monde.

Les gisements les plus importants ont plus de trente ans

La production mondiale est très concentrée car elle provient à 40 % d'une centaine de gisements géants[25] sur un total d'environ 20 000 gisements actifs dans le monde.

Seulement 116 champs au monde produisent actuellement plus de 100 000 barils par jour. Il apparaît qu'ils sont pour la majeure partie très anciens. Le tableau suivant présente les 10 premiers gisements en termes de débit de production.

Pays	Nom du gisement	Année de découverte	Production en millions de barils par jour
Arabie saoudite	Ghawar	1948	4,5
Mexique	Cantarell	1976	1,2
Koweït	Burgan	1938	1,2
Chine	Daqing	1959	1,1
Irak	Kirkuk	1927	0,9
Irak	Rumailia Nord	1958	0,7
Arabie saoudite	Abquaiq	1940	0,6
Arabie saoudite	Shayba	1975	0,6
États-Unis	Prudhoe Bay	1968	0,5
Chine	Shengli	1962	0,5

Les dix gisements ayant le plus gros débit au monde (source : Simmons & Company International).

Les dix plus importants gisements au monde en termes de débit ont tous été découverts entre 1927 et 1976. Or lorsque ces gisements géants vont se tarir, il sera impossible de compenser leur déclin car ceux que l'on découvre maintenant ont un débit beaucoup plus faible. Depuis plus de dix ans, aucun projet ne dépasse un débit de 0,25 Mb/j[26].

Les États-Unis, terre d'origine de la courbe de Hubbert

La théorie de M. King Hubbert a vu le jour aux États-Unis, où sa méthode de prévision a été appliquée avec succès. L'étude du phénomène de déplétion peut se faire à l'échelle d'une région, d'un pays ou d'un continent. Les États-Unis, partis très tôt dans l'exploitation industrielle du pétrole, ont déjà connu leur pic de production. C'est aussi dans ce pays que les prévisions de production ont trouvé leurs premières applications. La méthode mise au point par Hubbert, avec quelques améliorations, est toujours employée de nos jours. Les termes de « pic de Hubbert » ou « courbe de Hubbert » sont d'ailleurs fréquemment employés pour évoquer le sommet de la production mondiale de pétrole et le phénomène de déplétion.

Très tôt, aux États-Unis, des estimations ont été faites prédisant un épuisement complet du pétrole. Le premier de ces pronostics connus date de 1874, il émane du géologue en chef de l'État de Pennsylvanie, qui prévoyait une fin de la production quatre ans plus tard[27]. C'était totalement faux, mais les techniques de prévision étaient alors rudimentaires. En 1938, King Hubbert lui-même avait initialement prédit à tort la date du pic de production de pétrole aux États-Unis pour 1950[28]. Il avait pourtant identifié la notion de sommet de production et de déplétion, mais son modèle ne rendait pas compte des découvertes de manière satisfaisante. L'objet de son étude était à l'époque plus la prévision en général que le pétrole en particulier. Il faisait partie d'un groupe de chercheurs qui essayaient d'appliquer des courbes de Gauss à toutes sortes de phénomènes naturels pour tenter de prédire leur évolution. Quelques années plus tard, en 1943, il intègre la Shell Oil Company avant de devenir directeur de son laboratoire de recherche[29]. La prévision de la production du pétrole américain entre alors dans ses attributions et devient un de ses sujets de préoccupation.

En 1956, lorsque King Hubbert fournit la prévision qui le rendra célèbre, il a alors bien compris la manière de traiter les découvertes. C'est au congrès de l'American Petroleum Institute de San Antonio qu'il présente le résultat de ses travaux. Cinq minutes avant sa prise de parole, la direction générale de la Shell Oil lui demande de renoncer à son exposé ; doté d'une forte personnalité, King Hubbert passe outre[30].

Il fait l'hypothèse[f] que le volume total de pétrole récupérable (appelé « réserves ultimes ») aux États-Unis[g] est de 200 milliards de barils, ce qui conduit à un pic de production en 1970[31].

Figure 2.3 : Estimation de King Hubbert faite en 1956 pour les États-Unis (données de production complétées jusqu'en 2000).

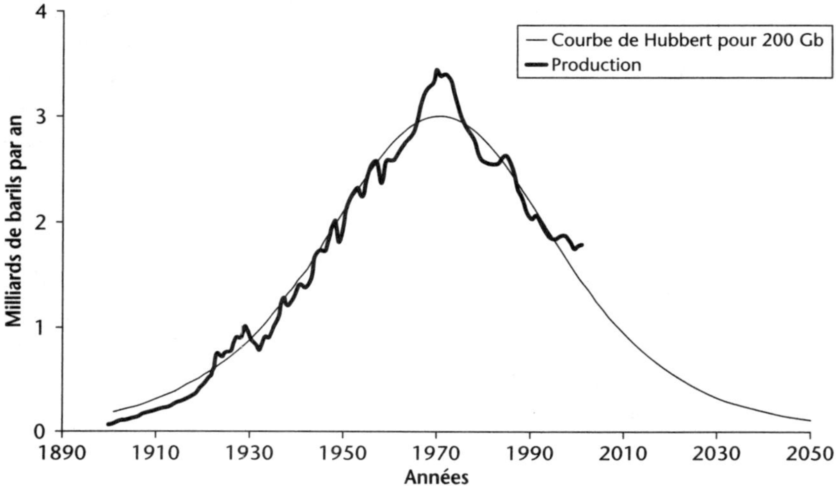

La date du pic dépend de deux choses : la quantité totale de pétrole présent dans le sous-sol et la forme de la courbe de production. Pour cette dernière, il s'agit d'un point central de sa théorie : il privilégie une courbe en cloche, ce qui correspondait bien à la courbe formée par les premières années de production aux États-Unis.

King Hubbert obtient ce chiffre de 200 milliards de barils en portant son attention sur la courbe des découvertes et détermine le volume total du pétrole découvert aux États-Unis de manière précise.

Malgré l'ingéniosité de sa méthode, King Hubbert et sa courbe ne sont devenus célèbres qu'une fois la « prophétie » réalisée, et toutefois

f. En réalité il fit deux hypothèses, la seconde, de 150 milliards de barils, conduisant à un pic en 1966 – il lui accordait d'ailleurs plus de crédit, mais elle se révélera fausse.

g. En réalité il ne prend en compte que les 48 États continentaux (appelés US Lower 48) à l'exclusion de l'Alaska et d'Hawaï, qui ne produisaient pas de pétrole à l'époque de sa prévision. L'Alaska en produira dans les années 1970.

uniquement dans certains milieux pétroliers. En 1970, l'annonce de l'atteinte du maximum de la production de pétrole américain a été très discrète et réservée aux initiés. Il s'agissait pratiquement d'un message codé, mais n'oublions pas que le contexte est celui de la guerre froide. Le *San Francisco Chronicle*, dans une courte dépêche du mois de mars, indique que : « La Texas Railroad Commission annonce que les 100 % seront atteints le mois prochain[32]. » Pour comprendre ce message, il fallait savoir que cette commission, comme son nom ne l'indique pas, avait pour tâche de faire appliquer des quotas limitant la production de pétrole afin de stabiliser offre et demande, et ce pour lutter contre la surproduction structurelle de l'industrie pétrolière. Les principaux États américains producteurs de pétrole possédaient une telle structure de régulation, mais celle du Texas reste la plus importante. Autoriser une production à 100 % de capacité signifiait que le maximum était sur le point d'être atteint, ce qui était bien le cas.

Une méthode simple qui permet aussi d'évaluer le volume de pétrole restant à découvrir

L'exploration pétrolière donne des résultats très irréguliers, les découvertes majeures et mineures se succédant aléatoirement. Une tendance existe sur le long terme mais elle se distingue difficilement. Il se trouve que la courbe en cloche est aussi une bonne approximation de la courbe des découvertes dans le cas des États-Unis. Son utilisation permet par extrapolation de tenir compte du pétrole qui n'a pas encore été découvert. Il y a donc une « cloche » pour les découvertes et une autre de taille équivalente pour la production. King Hubbert a mis au point une règle simple pour relier ces deux courbes en observant qu'il existe un délai moyen entre la découverte d'un gisement et la fin de sa production. Ce décalage dépend de très nombreux paramètres, qui vont des difficultés techniques à l'obtention du financement, mais son ordre de grandeur constaté est pour les États-Unis d'une trentaine d'années. La principale contribution de King Hubbert au débat actuel est d'ordre méthodologique. Voici les trois grandes étapes de sa démarche :

1. Observer d'abord la courbe des découvertes, en constatant que celle-ci décrit une courbe dite « en cloche ». On peut alors calculer le volume total de pétrole découvert et à découvrir.

2. Regarder ensuite la courbe de production et essayer de trouver la courbe en cloche lui correspondant. Elle devra avoir le même volume total que les découvertes.

3. Estimer le nombre d'années de décalage entre ces deux courbes. Et en déduire la date du pic de production.

Dans la figure suivante, on retrouve les principaux éléments de cette démarche, avec une représentation des données simplifiées à l'extrême.

Figure 2.4 : Principe de la théorie des courbes de Hubbert pour les États-Unis.

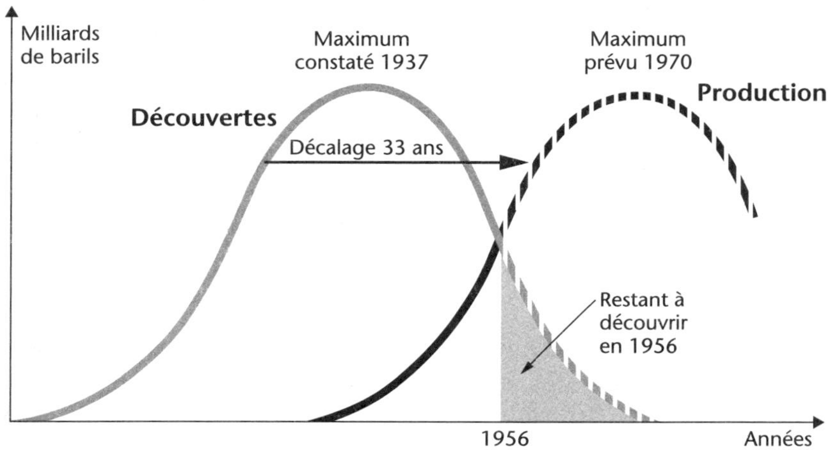

Un avantage considérable de l'utilisation des courbes en cloche par Hubbert est de pouvoir déterminer le volume de pétrole restant « encore à découvrir[h] ». Comme on le voit sur la figure 2.4 ci-dessus, en 1956, lorsque Hubbert réalise sa prévision, il sait que du pétrole va encore être découvert dans les années à venir. Par nature, il est impossible de connaître cette quantité, mais il l'estimera avec succès par extrapolation. Sur des données réelles, très irrégulières, cela est loin d'être trivial. De solides connaissances des réalités de l'activité pétrolière sont nécessaires pour pouvoir estimer si le modèle simple des courbes en cloche est applicable. En effet, les découvertes de pétrole pourraient éventuellement reprendre à la hausse, faussant ainsi sa théorie.

h. Appelé en anglais « *yet to find* ».

Les limites de la méthode : King Hubbert a-t-il eu de la chance ?

King Hubbert n'a jamais fourni de formule mathématique pour son modèle. Il a dessiné ses courbes à la main puisque les ordinateurs étaient rares en 1956. Celles-ci ressemblaient[i] d'assez près à des courbes de Gauss ou courbes en cloche. Or, pour pouvoir utiliser de telles courbes, il faut se trouver dans des conditions précises puisque cette approche est valable pour un ensemble « naturel », c'est-à-dire non affecté par des événements externes tels que limitation volontaire de la production ou variation brutale du marché.

Le cas des États-Unis présente quelques particularités favorables quant à l'application du modèle simple des courbes de Gauss : les gisements sont très nombreux, ils sont regroupés dans plusieurs systèmes pétroliers cohérents, les influences extérieures sur les opérations pétrolières ont été faibles et, enfin, les explorateurs ont adopté une forme particulière d'organisation, ou plutôt d'inorganisation, pour découvrir les gisements.

Les conditions un peu folles de la ruée vers l'or noir expliquent en partie le grand morcellement des activités pétrolières. L'exploration n'est pas une science exacte, les pionniers l'avaient bien compris : en choisissant l'emplacement du forage à l'endroit où tombait un chapeau lancé en l'air, il n'était pas rare qu'ils découvrent un gisement. Difficile d'expliquer la théorie géologique des anticlinaux à un fermier texan après cela ! À partir des années 1940, l'utilisation de mesures géophysiques se généralise tout de même assez uniformément sur l'ensemble des États-Unis[33]. Le dynamisme américain permet la constitution de nombreuses petites sociétés pétrolières ayant chacune leur logique et leurs impératifs propres. En réalité, le fantastique marché américain du pétrole attire de nombreuses convoitises. Comme souvent, ce n'est pas au niveau de la production que s'exerce le contrôle du marché mais au niveau de la distribution, et Rockefeller sera le plus habile. [Voir « Rockefeller, le génie du lampant », p. 54.] Une fois qu'il s'en est assuré le contrôle, son intérêt est de lutter contre toute forme d'organisation entre producteurs, ce qui rend, implicitement, ces derniers indépendants les uns des autres : un facteur favorable à l'utilisation de courbes en cloche.

---

i. La courbe réelle est en réalité la dérivée d'une courbe logistique. Jean Laherrère, « Oil and Natural Gas Ressource Assessment : Production Growth Cycle Models », in *Encyclopaedia of Energy*, dirigé par Cutler J. Cleveland, Elsevier Science, 2004.

Rockefeller, le génie du lampant

Peu après 1859, aux États-Unis, le développement du pétrole lampant, destiné à l'éclairage, attire de nombreuses compagnies improvisées qui se lancent dans l'aventure de la découverte et de l'exploitation de gisements. La chaîne de distribution qui va du gisement au client final comporte quatre activités alors composées de nombreux acteurs indépendants : exploitation, raffinerie, transport et vente. John D. Rockefeller, qui veut contrôler le marché américain, comprend vite qu'il faut concentrer son action sur le secteur des transports et de la distribution car les producteurs sont trop nombreux : « S'ils avaient produit moins de pétrole qu'il n'en était besoin, ces braves gens auraient obtenu un prix élevé ; aucune combinaison n'aurait pu l'empêcher, s'ils avaient produit du pétrole en quantité inférieure à la demande[34]. » Profitant de la concurrence féroce que se livrent les compagnies de chemin de fer aux États-Unis, il réussira à obtenir des prix de transport bas pour son pétrole mais élevés pour ses concurrents. Une fois qu'il contrôle la distribution, il fait pression sur les nombreux producteurs pour faire baisser le prix de vente, réalisant ainsi des marges importantes. Tout cela aux frontières de la légalité, mais clairement du mauvais côté de la frontière. Sa société, la Standard Oil, créée en 1870, va rapidement étendre son réseau de distribution dans le monde entier pour contrôler la moitié du marché mondial en 1900 et 85 % du volume intérieur des États-Unis en 1904. Lorsqu'un marché n'existe pas, il le crée. La distribution gratuite de lampes à pétrole accompagnée du slogan publicitaire « La lumière d'Asie » lance le marché chinois. La Standard Oil vend des produits pétroliers américains standardisés, d'où son nom, qui se transformera plus tard en Esso, dérivé de ses initiales, puis Exxon. En 1911, suite à un long bras de fer, l'État fédéral américain condamne la société de Rockefeller, la Standard Oil, à la dissolution pour violation des lois antitrust.

Ces conditions particulières rencontrées aux États-Unis ne se retrouvent pas ailleurs dans le monde. Les découvertes se décomposent souvent en plusieurs cycles, et les facteurs politiques ont généralement une forte influence sur les activités pétrolières. Ainsi, la Norvège a décidé de freiner la production de ses gisements pour pouvoir produire du pétrole sur une plus longue durée. Les pays de l'OPEP en appliquant des quotas de production font de même. Ce type de mesure politique, pleine de bon sens, perturbe les prévisions à base de courbe en cloche. Il y a pourtant eu des restrictions de ce type au Texas à la fin des années 1950, mais leur impact sur la date du pic a été minime.

La correspondance entre une courbe en cloche et la production américaine est frappante. Son maximum est atteint exactement à la moitié de la production, ce qui en fait un cas d'école. Certains détracteurs de la théorie de Hubbert considèrent qu'il n'y a aucune raison pour qu'une courbe de production soit symétrique et que le pic survienne à la moitié. Ils estiment que les difficultés de production croissantes auraient conduit les compagnies américaines à porter leurs efforts sur des régions du monde plus prometteuses et plus profitables, expliquant ainsi une partie de la décroissance après 1970.

Ce facteur a certainement compté, mais de manière marginale, car les activités d'exploration deviennent plus coûteuses au fur et à mesure que les difficultés augmentent. Une légère reprise de la production est observée au moment des chocs de 1973 et 1979, qui ont vu le prix du baril s'envoler, ainsi qu'une chute plus abrupte coïncidant avec la baisse des prix de 1986. Notons que, pour le pic mondial, de telles échappatoires consistant à se reporter sur d'autres régions ne seront pas possibles.

King Hubbert a eu la chance de se trouver dans le pays au monde pour lequel cette méthode fonctionne le mieux, ce qui n'enlève rien à ses qualités. Ses compétences de géologue sont reconnues par la profession et il possédait une très bonne connaissance de l'activité pétrolière, ce qui lui a permis de conclure qu'une augmentation significative des quantités découvertes était peu probable et de trouver la date du pic de production à un an près.

En réalité, un nouveau cycle de découvertes a débuté dans les années 1990 dans le golfe du Mexique, au large du Texas. Il s'agit de productions offshore, donc en mer, qu'il n'avait pas prévues en 1956. Ce fait nouveau n'a pas perturbé son estimation puisque intervenant une vingtaine d'années après le pic. Aujourd'hui, cette province pétrolière est très active, mais ne représente qu'un peu moins de 5 % de l'ensemble des réserves ultimes des États-Unis[35]. Les profondeurs de forage y atteignent les moins 3 000 mètres sous l'eau. Or dans les années 1950, il était difficilement envisageable qu'un jour de telles profondeurs puissent être atteintes. Le facteur « progrès techniques », susceptible de modifier la donne, est pris en considération dans les méthodes actuelles de prévision.

Généraliser la méthode de Hubbert à la production mondiale

Au niveau mondial, le mécanisme de déplétion de la production ne présente pas l'homogénéité qu'offrait le cas simple des États-Unis. Les découvertes sont généralement faites par vagues à des moments différents suivant les régions du monde, les bassins pétroliers sont pratiquement toujours coupés par des frontières politiques, la production est parfois volontairement restreinte, très significativement dans le cas du Moyen-Orient. Prédire la date du pic de production mondiale ne peut donc pas être fait avec un modèle utilisant une seule courbe en cloche pour les découvertes et une autre pour la production. La méthode de Hubbert doit donc être adaptée et l'on parle alors de modèle multicycle[36], qui utilise plusieurs courbes en cloche se chevauchant pour représenter des situations complexes. En réalité, les experts utiliseront des méthodes plus modernes telles que la courbe dite « d'écrémage »[j] mise au point par la compagnie Shell.

Le point le plus important demeure la connaissance du montant des réserves ultimes de pétrole permettant de situer le pic de Hubbert qui surviendra lorsque environ la moitié du pétrole mondial aura été consommée.

j. La courbe d'écrémage présente les réserves moyennes découvertes cumulées en ordonnées, et en abscisses le nombre cumulé de puits d'exploration *(wildcats)*.

Chapitre 3
Les réserves mondiales en question

« L'image publique ne dit rien sur la vérité. »
Philippe Starck

Le pétrole est une ressource naturelle non renouvelable présente en quantité finie dans le sous-sol. La réalisation de prévisions fiables nécessite de connaître le montant des réserves mondiales. Quelle quantité de pétrole nous reste-t-il à produire et quelle est la fiabilité des chiffres officiels ?

Compte tenu des enjeux, parfois douteux, de l'industrie pétrolière, les chiffres publiés sont rarement justes. Les principaux pays producteurs surestiment leurs réserves parfois dans des proportions considérables. Connaître la réalité nécessite de faire appel à des informations obtenues avec des méthodes qui s'apparentent parfois à de l'espionnage industriel.

L'organisme de régulation boursière américain, de son côté, continue à faire la promotion de méthodes ancestrales et dépassées qui ont pour effet de faire croire à une augmentation continuelle des réserves. Mais la marge de manœuvre devient d'autant plus faible qu'il ne reste plus beaucoup de pétrole à découvrir, et certaines compagnies, comme Shell, se sont trouvées embarrassées après avoir déclaré leurs réserves.

Les espoirs reposent désormais sur du pétrole dit « non conventionnel », mais il est plus difficile à produire et permettra à peine de retarder la date du pic de production mondial.

Une opacité des données pétrolières entretenue par des enjeux non avouables

Il faut distinguer les ressources et les réserves pétrolières. Une ressource désigne l'ensemble du pétrole présent dans le sous-sol tandis que les réserves ne représentent que le volume qu'il sera possible d'extraire dans les conditions économiques et techniques du moment. Les réserves ne se définissent pas de manière objective, les conditions techniques, et leur appréciation, évoluant dans le temps et d'un expert à l'autre. C'est généralement un des points importants de division entre spécialistes, qui subissent bien souvent des pressions implicites. Par exemple, il n'est pas imaginable qu'un expert déclare que la profondeur maximale raisonnable pour la production d'un gisement sous-marin est moins 2 000 mètres alors que sa compagnie est en train de rechercher des financements pour un projet à moins 2 300 mètres.

Les définitions des réserves pétrolières sont faites pour répondre aux objectifs de ceux qui les réalisent. En règle générale, trois types d'entités effectuent des estimations : les compagnies pétrolières, les agences ministérielles et des consultants « indépendants ». Par exemple, lors de la découverte d'un gisement, les spécialistes internes aux compagnies pétrolières évaluent le montant des réserves pour déterminer la rentabilité du projet, et font parfois appel à des consultants « indépendants » pour obtenir un second avis, surtout lorsque le projet d'exploitation est fait en partenariat avec d'autres compagnies, ce qui est de plus en plus fréquent. Les agences ministérielles, quant à elles, effectuent des inventaires régionaux ou nationaux, approuvent des plans de développement de gisements et déterminent des politiques pétrolières. Mais les intérêts de chacun de ces acteurs ont un impact sur les quantités mesurées et publiées. Gerry J. DeSorcy, spécialiste international des réserves de pétrole, a déclaré : « Il y a pratiquement autant de définitions différentes pour "réserves" qu'il y a de compagnies pétrolières, auditeurs, commissions de contrôle et ministères. Chacun utilise ses propres définitions pour ses besoins propres[37]. »

Deux écoles se côtoient dans le domaine de l'estimation des réserves : d'un côté l'approche déterministe, de l'autre l'approche probabiliste. Les déterministes annoncent un seul chiffre pour décrire le contenu d'un gisement tandis que les probabilistes avancent un intervalle ou plutôt trois valeurs (minimum, plus probable et maximum). Cette dernière approche, bien qu'un peu plus compliquée, est plus rigoureuse et retranscrit la réalité des incertitudes concernant le contenu d'un gisement invisible et souterrain. Les champions de l'approche déterministe sont les consultants texans, qui se targuent de tout savoir[38]. Ils y sont encouragés par les managers, les actionnaires des compagnies pétrolières qui les emploient mais aussi par les médias spécialisés et les économistes pétroliers qui ne souhaitent pas s'encombrer de représentations compliquées[39]. Que l'approche soit de l'école déterministe ou de l'école probabiliste, on distinguera trois types de réserves : prouvées, probables et possibles. Les réserves prouvées représentent le volume le plus faible des trois, mais la certitude la plus grande[a].

Les données pétrolières ne sont malheureusement pas de simples données scientifiques et représentent bien trop d'enjeux pour être transparentes. Ces enjeux cachés pourront être d'ordre économique et financier. Selon les circonstances, les chiffres seront surévalués ou sous-évalués. Par exemple, une estimation optimiste permet de donner la meilleure image possible d'une compagnie pétrolière ou de constituer une garantie en vue de l'obtention d'un prêt d'investissement, alors qu'une estimation pessimiste permet de ne pas déclarer le niveau exact de profits réalisés ou de masquer les contreparties douteuses d'un contrat. Ces enjeux peuvent également être d'ordre politique ou stratégique, comme posséder une marge de manœuvre au niveau de sa production pour influencer les cours mondiaux du pétrole. Le pétrole échangé peut aussi avoir comme contrepartie des ventes d'armes, des financements d'opérations illégales ou comporter une commission cachée. Ce type d'enjeux connus de tous, même si le détail des affaires demeure le plus souvent secret ou indémontrable, ne contribue pas à rendre la diffusion de données pétrolières transparentes. Établir des normes communes et publier des données exactes nécessite un savoir-faire et des compétences techniques, certes, mais surtout une volonté politique qui fait défaut.

Un tiers des réserves déclarées par l'OPEP n'existent pas

L'OPEP, créée en 1960 à Bagdad, est l'Organisation des pays exportateurs de pétrole et regroupe onze des plus importants pays producteurs[b] du monde.

a. Selon les règles de l'école probabiliste, les réserves prouvées correspondent à une probabilité de 90 % (dites 1P ou P90), les réserves prouvées + probables (dites 2P ou P50) correspondent à 50 % et enfin les réserves prouvées + probables + possibles (dites 3P ou P10) correspondent à 10 %.

b. Les pays sont : l'Arabie saoudite, l'Iran, le Venezuela, l'Irak, les Émirats arabes unis, le Koweït, le Nigeria, l'Algérie, la Libye, l'Indonésie et le Qatar.

Ses réserves représentent les trois quarts de celles de la planète. L'objectif de ce cartel est de stabiliser les cours du baril de pétrole à un niveau qui convient à ses pays membres. Ce niveau est représenté par une fourchette dans laquelle ils essayent de maintenir le prix du marché en jouant sur l'offre de pétrole. Comme la production de pétrole est structurellement en surproduction, il leur est nécessaire de la limiter en fixant des quotas à ne pas dépasser. Ce mode de fonctionnement est calqué sur celui de la Texas Railroad Commission qui a fonctionné aux États-Unis avant 1970.

L'OPEP limite donc volontairement sa production mais cela ne va pas sans difficultés. Le point le plus délicat est l'attribution des quotas, car chaque pays membre souhaiterait que les autres pays se restreignent pour que les cours augmentent, tandis que lui-même produirait au maximum de ses capacités afin de dégager des revenus plus importants. Les quotas se négocient donc âprement au sein de l'OPEP. Cependant, il existe implicitement des règles de bon sens. Parmi celles-ci, une des plus importantes est le montant des réserves détenues. Légitimement, les pays qui possèdent les plus grandes réserves sont habilités à produire plus. Or un phénomène étrange s'est produit dans les années 1980 : une augmentation « spontanée » du montant des réserves déclarées sans commune mesure avec les rares découvertes faites. Le graphique suivant présente les réserves déclarées des pays de l'OPEP de 1980 à 2003.

Figure 3.1 : Réserves déclarées des principaux pays membres de l'OPEP (source : OPEP).

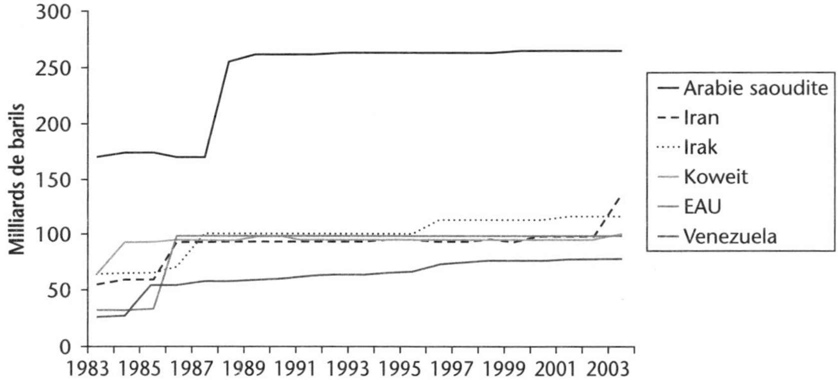

Deux aspects sont surprenants dans ce graphique : premièrement, les hausses soudaines des réserves annoncées à la fin des années 1980 ; deuxièmement, le montant des réserves qui reste inchangé sur de longues périodes.

Les hausses « spontanées » interviennent juste après le contre-choc pétrolier de 1986 qui voit les cours du baril s'effondrer (divisés par deux en un an), et cela après une douzaine d'années pendant lesquelles les prix du pétrole étaient élevés. Les pays de l'OPEP avaient négligé de tenir convenablement à jour le montant déclaré de leurs réserves et une petite correction s'imposait, mais certainement pas de l'ampleur de celle qui a eu lieu. D'après Sadek Boussena, le président de l'OPEP au moment des faits, ce sont les Émirats arabes unis qui lancent la valse statistique en doublant le montant de leurs réserves du jour au lendemain[c]. Ils seront suivis deux semaines plus tard par l'Irak et l'Iran[40], puis par l'Arabie saoudite quelques années après. À l'époque, l'ensemble de l'industrie pétrolière a bien saisi la manœuvre et parle de « barils de papier » *(paper barils)*, mais progressivement ces chiffres seront acceptés par la profession, qui ne peut se froisser avec les plus importants producteurs de pétrole au monde chez qui ils opèrent. Par exemple, la compagnie BP publie annuellement un rapport de statistiques énergétiques considéré comme une référence. Les données qu'il contient sont de bonne qualité, sauf celles concernant le montant des réserves. Car dans ce domaine BP n'est pas totalement libre et ses activités pétrolières priment. Une tentative a bien été faite de publier les véritables chiffres des Émirats arabes unis, mais les responsables de la compagnie ont été sommés de détruire les exemplaires déjà édités sous peine de se voir évincer des futurs projets dans le pays. Le rapport a donc été immédiatement réimprimé et, depuis, BP ne publie plus que les chiffres officiels. Aucune compagnie pétrolière internationale ne peut se permettre d'être en mauvais termes avec l'OPEP, qui voit d'un mauvais œil toute remise en cause de ses chiffres.

La deuxième pratique étrange qui porte le discrédit sur les réserves de l'OPEP est le fait que de nombreux pays ne modifient pas les données relatives à leurs réserves d'une année sur l'autre. Cela signifierait que les découvertes de nouveaux gisements ont exactement compensé la production de l'année, ce qui ne serait pas impossible mais devrait représenter un événement exceptionnel. Or il s'agit plutôt de la règle dans le monde merveilleux des statistiques OPEP. Par exemple, l'Irak a publié pendant neuf années consécutives des réserves à 100 milliards de barils.

---

c. Il faut noter que l'ordre des surévaluations publiées par l'OPEP ne correspond pas exactement au témoignage, plus fiable, de Sadek Boussena.

Colin Campbell, un expert géologue anglais de renommée internationale, propose une explication à ce double phénomène. Il semblerait que cette pratique vienne du fait que les chiffres des réserves déclarées incluent en réalité le montant du pétrole déjà produit ! L'avantage d'une telle pratique serait d'éviter de devoir remettre annuellement à jour les quantités de pétrole restant, autrement dit il y aurait eu un arrangement implicite une fois pour toutes, ce qui simplifie les difficiles négociations périodiques sur la répartition des quotas. Une thèse qui a l'avantage d'expliquer aussi bien le niveau des hausses spontanées que la non-modification des réserves déclarées d'une année sur l'autre.

Les chiffres officiels étant improbables, vers quelle source de données se tourner ? Il existe de véritables sociétés d'espionnage pétrolier que l'on appelle en anglais des *scouts*. Ces sociétés ont chacune leurs spécialités et fournissent des données techniques obtenues de manière détournée. Elles sont très discrètes sur leurs méthodes, mais il s'agit souvent d'entretenir de simples « bonnes relations ». Petrologistics, par exemple, a un réseau de correspondants dans les ports qui surveillent le trafic des pétroliers et donnent les véritables débits journaliers car les pays membres de l'OPEP ne respectent généralement pas les quotas qu'ils se sont fixés[41]. L'entreprise Infield est spécialisée dans la fourniture de données concernant les gisements offshore. La plus célèbre de ces sociétés était sans doute Petroconsultant, basée à Genève, réputée pour la qualité de ses données et la compétence de ses géologues ; elle comptait quelques agences gouvernementales parmi ses clients, dont la CIA. En 1996, Petroconsultant est rachetée par le groupe IHS, qui poursuit l'activité dans un esprit différent, commercialement plus agressif. Les informations publiées depuis sont plus optimistes, plus conciliantes avec l'OPEP car le groupe IHS doit aussi ménager ses autres activités dans le secteur pétrolier. La référence est le cabinet Wood Mackenzie, qui réussit à conserver une grande rigueur mais ses données ne couvrent pas le monde entier. Toutes ces sociétés fonctionnent sur le même principe et vendent très cher leurs données.

Une association dénommée ASPO (Association for the Study of Peak Oil and Gas, littéralement « Association pour l'étude des pics de production de pétrole et de gaz ») fournit gratuitement une partie des données obtenues par son excellent réseau de relations. Ses rapports avec les *scouts* sont donc parfois assez tendus, mais l'ASPO, adossée à un laboratoire de recherche de l'université d'Uppsala en Suède, estime que le pic de production étant imminent, ces informations ne doivent plus rester confidentielles. L'association est un réseau de scientifiques qui mutualisent leurs informations pétrolières. Elle compte parmi ses membres beaucoup d'experts et de géologues ayant travaillé dans les principales compagnies pétrolières. Étant à la retraite, ils peuvent s'exprimer sans contraintes. Ils ont accès à pratiquement toutes les bases de données techniques des *scouts*, et chacun des membres experts de ce cercle très fermé s'exprime en son nom propre. Colin Campbell et Jean Laherrère sont les deux membres fondateurs de l'ASPO, mais aussi les experts les plus fréquemment cités par la communauté scientifique.

Le tableau page suivante présente une comparaison de données selon des sources officielles et indépendantes pour les pays de l'OPEP.

BP reprend les chiffres de l'OPEP, comme le font toutes les sources officielles. Le cabinet PFC et le Dr Samaleh de *Petroleum Review* ont publié leurs données en 2004[d]. Colin Campbell, membre de l'ASPO, fournit le montant des réserves, mais aussi une estimation des gisements restant à découvrir et la production cumulée des pays de l'OPEP. Il faut noter que les trois estimations indépendantes sont relativement proches, aux environs de 500 milliards de barils – contre 880 pour les chiffres officiels.

En comparant les sources officielles et indépendantes, il apparaît que les chiffres de l'OPEP sont surévalués de 40 à 45 % ; en incluant le restant à découvrir que fournit Colin Campbell, il apparaît que le pourcentage de surestimation serait de 33 à 36 %. Cela représente plus de 300 milliards de barils qui ne correspondent pas à des réserves réelles, ce qui est loin d'être négligeable. À titre de comparaison, la consommation mondiale a été de 28 milliards de barils en 2003.

La vision des réserves mondiales est totalement différente selon que les données sont dites « techniques » ou « politiques »

Les données pétrolières sont schématiquement de deux types : d'un côté les données techniques plutôt confidentielles, et de l'autre les données officielles plutôt politiques. Car publier un chiffre en matière pétrolière est rapidement un acte politique. En Russie, par exemple, les données pétrolières sont considérées comme un secret d'État et toute révélation dans ce domaine peut conduire à sept ans de prison[42]. Si les données techniques sont plus

d. Lors d'une conférence à Washington, au CSIS, le 9 septembre 2004, chiffres publiés par l'ASPO.

Figure 3.2 : Réserves de pétrole 2003 selon plusieurs sources (en milliards de barils).

	Réserves					Restant à découvrir	Production cumulée
	OPEP	BP	PFC	Samaleh	Campbell	Campbell	Campbell
Arabie saoudite	262,7	262,7	134	182	144	18,6	97
Iran	133,2	130,7	54	64	59,9	9,4	56
Irak	115	115	99	62	62,2	20	28
ÉAU	97,8	97,8	42	37	48,5	2,8	19
Koweït	99	96,5	59	71	60,3	5,2	32
Venezuela	77,2	78	34	31	34,6	6,2	47
Libye	39	36	36	26	28,8	4,8	23
Niger	35,2	34,3	23	20	25	2,8	23
Qatar	15,2	15,2	4,2	4,6	4	0,7	6,8
Algérie	11,8	11,3	13	11	14,1	1,3	13
Indonésie	4,7	4,4	6,7	12	9,4	1,4	20
Total	**891**	**882**	**505**	**520**	**491**	73	365

justes, c'est aussi parce qu'elles ne sont normalement pas destinées à être rendues publiques. Lorsque l'on compare les données politiques et techniques des réserves pétrolières mondiales et leur évolution dans le temps, force est de constater qu'elles offrent deux tableaux fort différents.

Figure 3.3 : Données techniques et politiques des réserves mondiales de pétrole (source : Jean Laherrère).

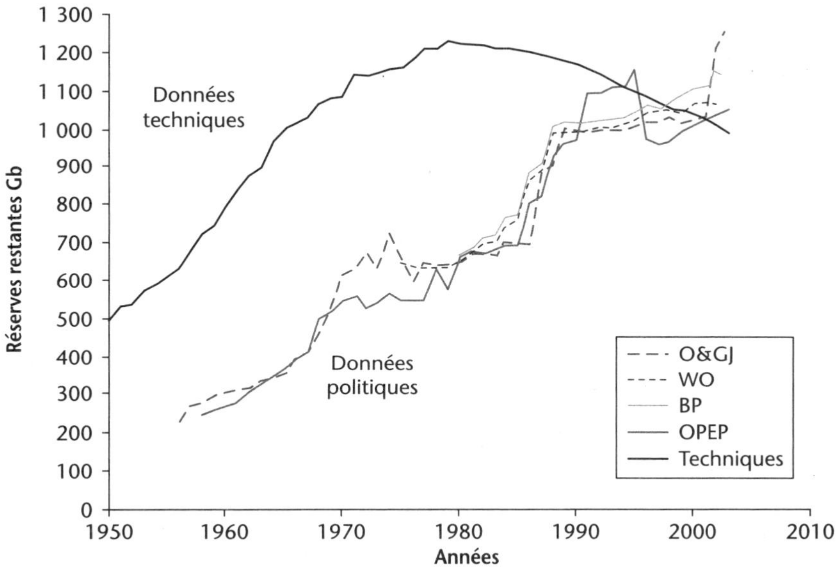

La vision offerte par les données techniques est celle d'une baisse depuis les années 1980 alors que les données politiques au contraire augmentent constamment, conformément au rassurant : « Il y a des réserves pour au moins quarante ans, ne vous inquiétez pas, on découvre toujours du pétrole. » Comment s'explique un tel décalage entre les deux types de courbes ? De deux façons : les données techniques sont rapportées de manière plus juste dans le temps (les données sont dites « *backdated* »), les données politiques suivent la réglementation boursière inadaptée des États-Unis.

Les données techniques sont dites « *backdated* », ce qui signifie que l'on rapporte toute modification du volume d'un gisement à la date de sa découverte. Par exemple, imaginons un champ géant découvert en 1950 et initialement estimé à 5 milliards de barils ; si dix ans plus tard à la suite d'une nouvelle évaluation on se rend compte qu'en réalité il y a 7 milliards de barils, quand faut-il ajouter les 2 milliards de différence ? En 1950 ou en 1960, année de la réévaluation ? Pour avoir une vision plus juste des découvertes, il faut choisir le jour de la découverte du gisement[e]. Il s'agit là d'un point important, un gisement est découvert à une date donnée et son volume estimé évolue dans le temps, il s'affine généralement progressivement puisque l'on ne connaît parfaitement le montant des réserves qu'une fois le gisement totalement épuisé.

Les données politiques, en revanche, présentent la vision d'une hausse continuelle, plus conforme au discours ambiant perçu. Si les réserves augmentent continuellement, y compris après 1980, cela est dû aux pratiques imposées par la SEC (Security and Exchange Commission), l'instance de régulation de la Bourse américaine, qui sont reprises par l'ensemble de l'industrie pétrolière.

La SEC utilise des règles qui lui sont spécifiques. En effet, elle n'accepte que la déclaration des réserves dites « prouvées » (de l'école déterministe). Il est interdit aux compagnies pétrolières de déclarer quoi que ce soit d'autre ; pour la SEC, les réserves probables ou possibles n'existent pas. Cela part certainement d'un bon sentiment ; il s'agit de protéger les actionnaires et les investisseurs contre des opérateurs peu scrupuleux qui pourraient vouloir manipuler le cours de leurs actions en Bourse en annonçant des réserves surévaluées. Pourtant, cette manière de faire est peu efficace et ne correspond pas au fonctionnement actuel de l'industrie pétrolière qui a, tout de même, besoin des chiffres réels pour se lancer dans des projets de plus en plus coûteux. Les règles de la SEC sont très critiquées et de nombreux acteurs économiques sérieux se tournent vers des sources de données techniques confidentielles ; par exemple la Deutsche Bank utilise les données de Wood Mackenzie (élaborées selon l'école probabiliste, plus rigoureuse) lors de l'évaluation des compagnies pétrolières ou des projets de développement.

Si les règles imposées par la SEC perdurent, c'est donc aussi que certains y trouvent un avantage. Elles ont pour effet principal de créer une croissance

e. La représentation des réévaluations est un peu déroutante avec des données *« backdated »*. Lorsqu'une réévaluation à la hausse est faite, par exemple en 2005 sur un gisement découvert en 1990, cela implique de modifier l'ensemble du tracé depuis 1990, plaçant la nouvelle portion de courbe légèrement au-dessus de l'ancienne.

régulière des réserves. Les compagnies, confrontées aux aléas de l'exploration, peuvent bénéficier d'une marge de sécurité qui leur permet de « lisser » les découvertes déclarées et de fournir une vision de hausse régulière, rassurante pour les actionnaires. De plus, la SEC impose d'estimer les réserves prouvées conformément à l'école déterministe, moins rigoureuse, qu'elle définit littéralement comme étant le pétrole que l'on peut récupérer avec « une certitude raisonnable[43] ». Autant dire que, avec une définition aussi subjective, une compagnie pétrolière a une importante marge de manœuvre que l'on peut même calculer en comparant ses déclarations avec les données techniques plus précises et conformes à l'école probabiliste. Jean Laherrère[44] constate que les réserves prouvées déclarées sont imprécises et généralement gonflées puisqu'elles correspondent à des probabilités allant de 51 % à 99 % alors qu'elles devraient être de 90 %.

On peut se demander comment la Bourse américaine impose ses normes obsolètes de comptabilisation des réserves au monde entier. Tout simplement en offrant une sorte de « paradis boursier » aux compagnies pétrolières leur permettant en pratique de déclarer ce qu'elles veulent. Encore faut-il qu'elles sachent jouer habilement avec toutes les règles qu'impose la SEC car certains aspects administratifs se sont révélés être un enfer pour la compagnie Shell par exemple. [Voir « L'affaire des réserves de Shell », p. 69.] Les compagnies pétrolières du monde entier sont en concurrence sur les marchés financiers internationaux et, dans ce contexte, les règles de la SEC opèrent un nivellement par le bas. Par exemple, la Commission de Bourse canadienne, la CSA, a instauré des règles plus rigoureuses en 2003 en se fondant sur l'école probabiliste[45]. Mais les compagnies pétrolières canadiennes se sont plaintes d'être sous-évaluées par rapport à leurs homologues américaines, plus libres dans leur déclaration de réserves, et ont donc obtenu des dérogations pour ne pas appliquer ces nouvelles règles.

Pour justifier ces hausses répétées, l'industrie pétrolière parle du concept de « croissance des réserves » *(reserve growth)*. Cette dernière serait due à des progrès techniques importants entraînant une amélioration du taux de récupération des gisements ; en réalité, il s'agit surtout de mauvaises pratiques en matière de comptabilisation des réévaluations. Bien entendu, des progrès techniques sont constatés, mais ils sont minimes car les taux de récupération d'un gisement dépendent essentiellement de ses caractéristiques géologiques, donc de facteurs non modifiables. En réalité, les réévaluations sont à 90 % dues à une estimation initiale trop basse[46]. Lorsqu'il s'agit d'estimer un nouveau gisement, les ingénieurs réservoir et les géologues ont chacun leur déformation professionnelle, comme l'indique Jean

Laherrère. Les géologues, habitués lors des phases d'exploration à forer des puits « secs », ont droit à l'erreur et sont plus optimistes que les ingénieurs, qui sont eux supposés éviter de prendre trop de risques et conservent une marge de sécurité. Les ingénieurs préféreront minimiser les estimations. Ainsi, en cas de réévaluation, celles-ci pourront toujours être mises sur le compte des progrès techniques. L'exemple du champ géant de Prudhoe Bay aux États-Unis en est une illustration[47]. Ses réserves ont été initialement estimées à 15 milliards de barils par les géologues et à 9,6 milliards par les ingénieurs. La valeur réelle, maintenant connue puisque le champ est en fin de vie, se situe aux environs de 13,5 Gb. La critique de la croissance des réserves expliquée par des améliorations techniques peut être résumée par la formule prononcée par un expert pétrolier : « La croissance des réserves est une illusion[48]. »

Nous arrivons à une situation inédite puisque le montant des réserves selon les données politiques rejoint celui des données techniques. Les sources de données politiques n'ont plus de marge de manœuvre et les compagnies pétrolières ne peuvent plus « anticiper » les découvertes futures qui deviennent très hypothétiques. Certains analystes financiers de renom se sont étonnés du fait que les compagnies pétrolières peinent à renouveler leurs réserves et plusieurs compagnies ont annoncé des révisions à la baisse en 2004 : Shell (- 23 %), El Paso (- 35 %), Forrest (- 25 %). L'affaire Shell a été la plus spectaculaire et la plus médiatisée puisqu'elle a conduit au limogeage d'une bonne partie de l'équipe de direction. Mais il faut relativiser ces scandales car les réserves détenues par les compagnies pétrolières privées ne représentent que 15 % des réserves mondiales, les 85 % restants étant la propriété des compagnies nationales des pays producteurs. La surestimation des réserves de l'OPEP est d'une ampleur autrement plus importante mais étrangement moins médiatisée.

L'affaire des réserves de Shell

Le 9 janvier 2004, à la surprise générale, la compagnie Shell annonce une dévaluation de 3,9 Gb du montant de ses réserves. Au final, sur une période de quatre mois, le trou se creusera encore un peu pour atteindre – 23 %.

Le volet administratif des règles imposées par la SEC (l'organe de contrôle de la Bourse américaine) stipule qu'une réserve ne peut être déclarée comme prouvée que si elle fait l'objet d'un contrat d'exploitation signé par les autorités locales. Or, pour le gisement de Kashagan, qui pose problème, les autorités administratives du Kazakhstan n'avaient pas encore apposé leur signature. Shell l'avait initialement anticipé et a donc dû faire marche arrière au dernier moment.

Les 3,9 Gb existent bien et seront exploités. Il ne s'agit pas d'une disparition du cinquième des réserves de Shell, comme les actionnaires l'avaient initialement cru, mais les règles de la SEC, plutôt laxistes par ailleurs, sont rigoureuses sur ce point de détail et n'ont pas été respectées à quelques semaines près.

Les enquêtes diligentées à la suite de ces incidents ont permis de mettre au jour un certain nombre d'irrégularités dans les pratiques de comptabilité des réserves. La révélation d'une série de messages internes à la compagnie a été du plus mauvais effet. Par exemple, le 9 décembre 2003, le responsable exploration-production écrit au PDG : « Je suis malade et fatigué de mentir à propos des problèmes concernant l'augmentation de nos réserves et des révisions à la baisse qui doivent maintenant être faites à la suite des annonces précédentes, largement trop agressives et optimistes. » Finalement, les deux personnes incriminées ainsi que la directrice financière seront limogées, ce qui rassurera les actionnaires et l'opinion, et permettra – à ceux qui le souhaitent – de penser que cette affaire est un cas isolé.

Les découvertes mondiales ont atteint leur sommet en 1965

La figure suivante présente les découvertes mondiales de pétrole selon les données techniques.

Figure 3.4 : Découvertes mondiales de pétrole (sources : ASPO et Exxon Mobil, 2002).

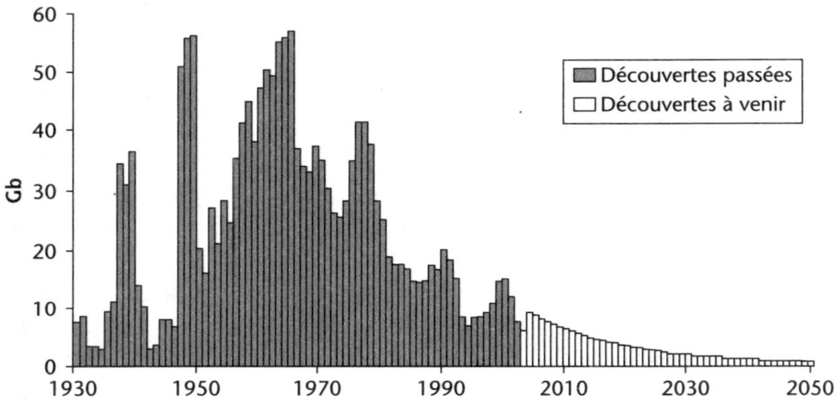

La courbe des découvertes est très irrégulière compte tenu de l'aspect aléatoire de l'activité d'exploration. Une série de « vagues » se succèdent mais le maximum se situe vers 1965. Depuis cette date, les quantités de pétrole découvert sont globalement à la baisse et représentent désormais le tiers seulement de la production. La tendance est à l'accroissement progressif de l'écart. Le décrochement s'est opéré au début des années 1980, au moment où les découvertes ont commencé à ne plus couvrir la production.

Les espoirs reposent sur le pétrole « non conventionnel »

La grande majorité du pétrole facilement récupérable ayant été découverte, les acteurs de l'industrie pétrolière se tournent vers d'autres voies : le pétrole « non conventionnel », qui a la particularité d'être plus difficile à exploiter mais qui permet d'étendre le volume des réserves disponibles.

Il semble que l'industrie pétrolière ait besoin de flou pour s'épanouir. En effet la notion de « pétrole conventionnel » couramment utilisée dans la profession n'est pas une notion objective, une fois de plus, et il n'existe pas de consensus sur sa définition. C'est bien connu, les dirigeants de l'industrie pétrolière sont des poètes ayant un faible pour les définitions évanescentes. De plus, les mains dans leurs poches trouées, ils n'ont pas le sou pour se payer les services d'experts compétents afin de rendre leurs pratiques plus rigoureuses. Ce qui laisse le loisir aux mauvaises langues de dire que le flou est un très bon moyen de camoufler les coups tordus.

Le pétrole conventionnel se définit comme « pouvant être produit dans des conditions techniques et économiques satisfaisantes », la marge d'appréciation est donc large. Au fur et à mesure des progrès techniques et dans une moindre mesure de l'augmentation du prix du baril, une partie du pétrole « non conventionnel » devient « conventionnel ». Ce processus est continuel mais, après un siècle et demi d'avancées techniques, il ne faut plus attendre de miracles. Parmi les technologies les plus efficaces, les ondes sismiques permettant de réaliser une « échographie » du sous-sol ont été utilisées pour la première fois en prospection pétrolière[49] en 1924. Le forage dirigé, qui permet de ne plus uniquement forer verticalement mais dans toutes les directions possibles, existe depuis plus de trente ans[50], tout comme la possibilité d'extraire du pétrole sous-marin, même si les profondeurs atteintes sont toujours plus grandes. Afin de tenir compte de l'évolution de la technologie dans la définition du pétrole, Alain Perrodon[51], un géologue de renom, introduit la notion de pétrole « subconventionnel » pour qualifier la frange intermédiaire dans laquelle figure le pétrole « non conventionnel » susceptible de basculer dans le « conventionnel ».

Le pétrole conventionnel

La part de ce type de pétrole dans la production mondiale se situe autour de 90 %, les chiffres variant de 94 % pour l'AIE à 80 % pour l'ASPO. [Voir « Production de pétrole : à chacun ses chiffres », p. 75.] Cette catégorie inclut les gisements offshore accessibles, c'est-à-dire exploités sous moins de 500 mètres d'eau, ainsi que la plupart des gisements opérés depuis la terre ferme. Pour ces derniers, il faudra toutefois que l'extraction ne soit pas compliquée par des caractéristiques trop marquées du brut, comme une grande densité, ce qui exclut une partie des gisements du Canada et du Venezuela. Les taux de récupération du pétrole conventionnel sont en moyenne de 30 % à 40 %, les plus élevés étant de 85 % (ancien récif corallien très poreux) et les plus bas de 3 % (réservoirs compacts fracturés)[52].

Le pétrole subconventionnel

Les gisements offshore profonds et polaires relèvent de cette catégorie intermédiaire. Les projets de ce type sont longs à mettre en œuvre compte tenu des conditions extrêmes auxquelles il s'agit de fournir des solutions techniques.

L'exploitation de gisements offshore profonds (plus de 500 mètres d'eau) a débuté dans les années 1970, dès qu'il a été possible de maintenir un navire de forage en position fixe[53]. Aujourd'hui les moins 2 000 mètres sous l'eau sont régulièrement atteints et les moins 3 000 mètres sous l'eau ont été atteints récemment. Les plus grands bassins, au nombre de quatre, se trouvent au large du Brésil, du Nigeria et de l'Angola et dans le golfe du Mexique. Ils devraient atteindre leur pic de production ensemble, vers 2012, avec un total de 6 millions de barils par jour[54].

Concernant le pétrole en provenance des zones polaires, c'est l'hémisphère Nord qui semble le plus prometteur, le secteur russe notamment. Les gisements polaires peuvent aussi être offshore, nécessitant de résoudre des problèmes techniques particuliers comme pouvoir déplacer d'urgence la plate-forme en cas d'arrivée d'un iceberg. L'Antarctique semble posséder un potentiel plus faible ; de plus, ce continent est interdit à toute activité industrielle, donc pétrolière.

Le pétrole issu des gisements de gaz entre dans cette catégorie. Cela peut paraître surprenant, mais le gaz naturel comporte une partie de liquide condensé, communément appelé « condensat ». Les volumes obtenus sont loin d'être négligeables, ils représentent de l'ordre de 10 % de la production mondiale de pétrole. Mais celui-ci est souvent intégré à la production de pétrole conventionnel, car souvent directement mélangé au pétrole brut liquide issu des gisements voisins, ou du même gisement si celui-ci est mixte gaz-pétrole.

Le pétrole non conventionnel

Nous retrouverons ici les pétroles dégradés par oxydation de l'air ou dont le processus de genèse fut incomplet. Il s'agit de formes d'hydrocarbures dont la rentabilité est incertaine. Le rendement énergétique, c'est-à-dire l'énergie récupérée à laquelle on soustrait l'énergie investie, est très faible voire nul ou négatif dans certains cas. C'est un point important car la rentabilité d'un gisement d'une ressource énergétique (pétrole, gaz ou charbon) ne s'envisage pas comme celle d'une mine d'or par exemple. Le prix de revient de l'or intègre la main-d'œuvre, le matériel et l'énergie consommée ; la mine sera rentable si le prix de revient est inférieur au prix de vente. Une augmentation du prix de l'or permet d'exploiter des portions de la mine qui n'étaient pas rentables auparavant. Dans le cas d'un gisement de pétrole, si le bilan énergétique est nul, l'augmentation du prix du baril n'y changera rien, vous dépenserez toujours plus d'énergie que vous n'en obtiendrez. C'est pour cette raison que les mines de charbon de plus de 4 000 mètres de profondeur ne sont plus exploitées, alors que les mines d'or le sont encore[55], les premières nécessitant plus d'énergie que le charbon ne pourra en produire.

Les pétroles non conventionnels sont essentiellement les huiles extra-lourdes, les sables asphaltiques et les schistes bitumineux. Le débit de production des chantiers est généralement faible compte tenu des contraintes techniques.

Les pétroles appelés « huiles extra-lourdes », plus lourds que l'eau, présentent des difficultés d'exploitation dues à leur grande viscosité. Lors de leur genèse, les conditions de piégeage imparfaites ont conduit leurs particules les plus volatiles à être dégradées, soit par oxydation à l'air, soit par des bactéries. Certains gisements sont rentables mais nécessitent des techniques de stimulation particulières. L'Athabasca, au Canada, subit un chauffage *in situ* du pétrole avec de la vapeur d'eau alors que l'Orinoco du Venezuela peut être produit à température ambiante mais avec un taux de récupération faible de l'ordre de 10 %, qui peut toutefois être porté à 25 % par injection de dissolvants chimiques[56].

Les sables asphaltiques ont subi lors de leur genèse une mésaventure similaire à celle des huiles extra-lourdes, mais leur viscosité est encore plus importante. On les retrouve logiquement aux mêmes endroits, à savoir au Canada et en Russie. Au Canada leur exploitation a débuté en 1947, la production actuelle est de l'ordre de 900 000 barils par jour et un triplement de ce chiffre est espéré pour 2020[f]. L'exploitation de ces gisements gigantesques utilise des méthodes minières dont l'application est limitée à 75 mètres de profondeur. De surcroît, les procédés employés entraînent des dégâts importants pour l'environnement puisqu'il est nécessaire de déplacer 12 volumes de sable pour obtenir 1 volume de pétrole, cette opération nécessitant également 8 volumes d'eau et 1 demi-volume de solvant[57].

Les schistes bitumineux *(oil shales)* sont ce que l'on pourrait appeler du pétrole « avorté » ; ce ne sont ni des schistes ni du bitume. En effet, il s'agit d'une roche mère qui n'a pas été soumise à des profondeurs et à des

f. À titre de comparaison, l'ordre de grandeur de la demande mondiale est aujourd'hui de 82 millions de barils par jour.

températures suffisantes lors du long processus de genèse. Afin de les exploiter, il est donc nécessaire de terminer la phase de pyrolyse. Pour ne pas attendre quelques millions d'années, il faut chauffer les schistes à des températures situées entre 350 et 1 000 °C, ce qui permet d'obtenir plus rapidement une pyrolyse complète[58]. Le rendement énergétique est très mauvais. Il est même souvent nul : on dépense plus d'énergie que l'on en récupère. Aux opérations de chauffage, il faut ajouter la consommation énergétique due à l'exploitation de type minière. Là encore, les dégâts pour l'environnement sont importants : l'obtention d'un volume de pétrole nécessite deux volumes d'eau douce, sans parler des imposants résidus solides rejetés. Les schistes bitumineux se trouvent dans un petit nombre de grosses accumulations, les plus importantes étant aux États-Unis, au Brésil et dans les États baltes[59]. Le potentiel réel de ces importants gisements est en réalité très limité compte tenu du mauvais bilan énergétique de ce type d'opérations. À titre d'exemple, une tentative récente de la compagnie Stuart Shale en Australie s'est soldée par un échec et un abandon du projet[60].

Les hydrates de méthane sont plus proches du gaz que du pétrole, mais ils sont parfois considérés, encore de nos jours, comme un grand potentiel pour l'avenir. Pourtant leur dispersion énergétique sera toujours un gros handicap et, en 2004, la quantité considérée comme exploitable dans le monde est égale à zéro[61]. Les hydrates de méthane sont des glaces piégeant du gaz. En théorie une source gigantesque d'énergie, ils ont nourri de grands espoirs dans les années 1970 ; depuis[62], le montant des réserves « récupérables » a été divisé par plus de 1 000 ! Car force est de constater que l'on ne sait toujours pas comment exploiter cette substance océanique dont la forme est beaucoup plus dispersée que prévu. Des tentatives d'exploitation d'accumulations ont été réalisées ces dernières années par le Japon mais sans succès ; un verdict définitif sera donné en 2011 sur le potentiel de rentabilité et, s'il n'est pas nul, une exploitation réelle pourrait débuter en 2015.

Le pétrole non conventionnel, sous ses diverses formes, présente des débits de production moins importants que ceux du pétrole conventionnel. Il convient donc d'être prudent lorsque l'on aborde la question du montant des réserves de pétrole non conventionnel car le pic de production mondial et la déplétion sont bien liés à un problème de débit. Des progrès techniques seront certainement accomplis puisque l'on s'apprête à fournir des efforts importants concernant des gisements connus de longue date, auxquels on avait peu besoin de s'intéresser auparavant.

Production de pétrole : à chacun ses chiffres

Les différentes sources officielles ne s'accordent pas concernant le montant exact de la production annuelle de pétrole. Pourtant il s'agit de production réelle et non d'estimation de gisements souterrains. Les différences sont loin d'être négligeables puisque l'écart est de 15 % entre le mieux et le moins-disant.

	Production (en millions de barils par jour)
BP	74,35
AIE	71,48
World Oil	67,70
OPEP	65,49
Oil & Gas Journal	63,69

Production de l'année 2001 suivant les principales sources officielles (source : Jean Laherrère).

Le principal facteur expliquant ces différences d'appréciation est le manque de cohérence autour des définitions du pétrole conventionnel. Par exemple, les résultats varient selon que l'on y intègre la production d'huiles extralourdes ou non, ou bien suivant que l'on intègre les condensats issus du gaz naturel ou non.

Le pétrole peut être exprimé en volume (mètres cubes ou barils) ou en poids (tonnes) ; or ramener l'ensemble de la production mondiale à des unités homogènes est d'autant plus difficile que la densité exacte de chaque cru de pétrole est souvent inconnue ou ignorée[63].

D'autres facteurs interviennent dans ces décalages comme le pétrole non comptabilisé pour cause de pertes. Par exemple, pendant la première guerre du Golfe, 2 milliards de barils sont littéralement partis en fumée quand Saddam Hussein a incendié les puits de pétrole lors du retrait de son armée du Koweït. Il y a aussi parfois des vols commis et plus couramment des tricheries sur la production des pays de l'OPEP qui ne respectent pas leurs quotas. Et puis des oublis, comme la consommation de l'armée américaine à l'étranger, qui disparaît puisqu'elle n'est incluse dans aucune statistique internationale[64].

Estimer les réserves ultimes mondiales

Le pic de production mondial de pétrole interviendra lorsque environ la moitié des réserves dites « ultimes » seront consommées. Celles-ci représentent l'ensemble du pétrole récupérable sur Terre ; on peut faire la distinction entre le pétrole qui a été découvert et celui qui reste à découvrir, dont le volume sera déterminé par extrapolation.

Extrapoler les découvertes effectuées peut se faire avec un graphique comme celui ci-dessous, qui présente le montant des découvertes cumulées par année. La courbe supérieure représente l'ensemble du pétrole mondial (conventionnel et condensats issus du gaz naturel).

Figure 3.5 : Découvertes cumulées de pétrole dans le monde avec décomposition selon la taille des gisements (source : Jean Laherrère, 2003).

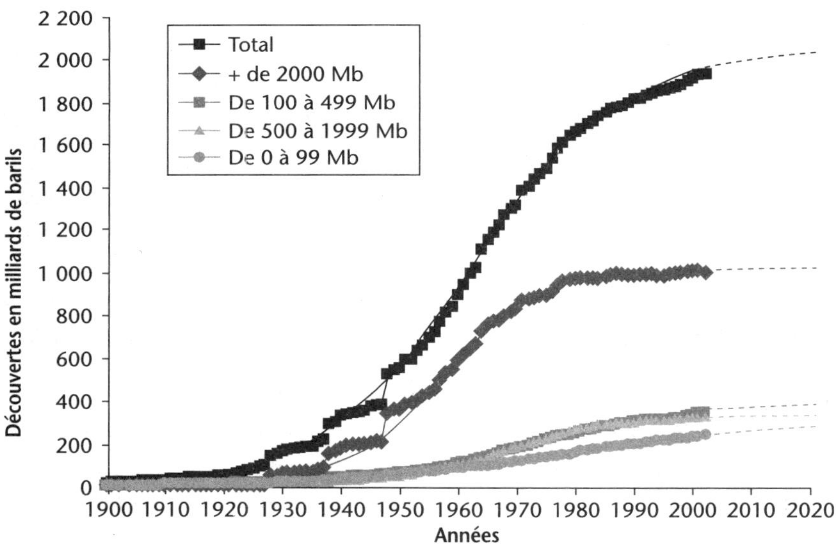

Les découvertes cumulées de pétrole peuvent être extrapolées avec la courbe[g] en pointillé qui permet d'estimer le restant à découvrir[h]. Les réserves ultimes mondiales de pétrole conventionnel ainsi obtenues sont de 2 050 milliards de barils. Notons que la moitié est proche puisque le pétrole déjà consommé est estimé fin 2004 à 940 milliards de barils[65].

Les quatre courbes inférieures représentent une décomposition du total mondial en fonction de la taille des gisements. Parmi celles-ci, la plus haute, décrivant les plus grands gisements (plus de 2 000 millions de barils), indique trois choses : ces gisements géants représentent à eux seuls la moitié du pétrole conventionnel mondial découvert ; depuis le début des années 1980 le tracé est presque plat, ce qui signifie que les découvertes dans ce domaine sont très rares ; et enfin le restant à découvrir dans cette catégorie est quasiment nul. Le saut brusque en 1948 correspond à la découverte du gisement géant de Ghawar en Arabie saoudite, le plus grand que l'on ait jamais découvert.

Les principales découvertes à faire le seront dans des gisements de plus petite taille (les trois courbes du bas sur la figure 3.5). En effet, la taille moyenne des gisements mis au jour depuis 1990 est de 50 millions de barils si l'on excepte les années exceptionnelles de 1999 correspondant au pic des découvertes de gisements de mer profonde et de 2000 avec le gisement de Kashagan au Kazakhstan[66].

Représentation des réserves

Au regard du phénomène de déplétion, représenter les réserves d'un pays soulève plusieurs questions. Les données employées sont-elles de sources politiques ou techniques ? La production de ces réserves a-t-elle commencé à décliner ou non ? Quand va débuter le déclin de la production du pays considéré ? Une représentation du simple montant des réserves, par exemple 69 milliards de barils pour l'Iran en 2003, ne permet pas d'obtenir de réponse à ces questions.

Le graphique suivant offre une vision synthétique des informations importantes par pays : montant des réserves (taille de la bulle), date du pic

g. Il s'agit d'une courbe logistique.

h. Les courbes dites « d'écrémage » sont plus abstraites mais plus précises. Au lieu de placer les années de découverte en abscisse, on utilise le nombre de puits d'exploration pure. Les deux avantages sont de ne pas subir les perturbations causées par les pauses et les accélérations du rythme des explorations et de permettre d'estimer l'effort (en nombre de puits) qu'il faudra fournir pour atteindre le maximum extrapolé.

(échelle du bas) et production journalière actuelle (échelle de gauche). Les données sont celles de Colin Campbell, membre de l'ASPO, qui se fonde sur les sources de données techniques.

Figure 3.6 : Réserves de pétrole conventionnel par pays (les 30 premiers) mentionnant la date du pic et la production journalière (sources : données Colin Campbell et BP)[i].

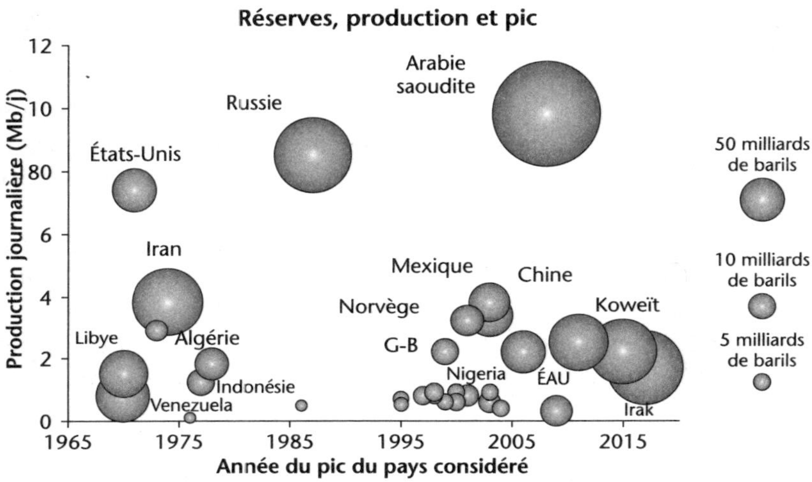

Si l'on reprend l'exemple de l'Iran, on constate que sa production est actuellement de 3,8 Mb/j et que son pic se situe en 1974. Le montant exact des réserves représenté par le diamètre de la bulle (69 milliards de barils) est d'une lecture approximative ; en revanche, la comparaison avec d'autres pays est instantanée.

Seuls les pays situés après une date donnée, par exemple après 2005, peuvent encore augmenter leur production. Au fur et à mesure que l'on avance dans le temps, ces pays seront moins nombreux. La Russie est un cas particulier car, bien que son pic soit passé, elle continue à augmenter sa production et va vivre un « pic secondaire » consécutif à une reprise des

i. La production reprend les chiffres de BP 2003. La date du pic et les réserves de chaque pays reprennent celles de Colin Campbell (2004). Le Kazakhstan est hors graphique, son pic serait en 2033 et le montant de ses réserves, de 44 milliards de barils, pour une production de 1,1 Mb/j.

activités pétrolières après l'effondrement provoqué par la chute du communisme.

Les réserves ultimes de pétrole représentent l'ensemble du pétrole récupérable, aussi bien celui qui a été déjà produit que celui qui reste à découvrir. Par extrapolation on peut déterminer que les réserves ultimes de pétrole conventionnel se situent autour de 2 000 milliards de barils. Nous arrivons à la moitié du pétrole consommé, le pic mondial de production est donc proche.

Chapitre 4
Quelle date pour le déclin de la production mondiale ?

« Un bon politicien est capable de
prédire l'avenir et, par la suite, est également
capable d'expliquer pourquoi les choses ne se
sont pas passées comme il l'avait prédit. »
Winston Churchill

Les réserves mondiales ne sont pas aussi élevées qu'on l'imaginait, un nombre croissant de pays voient leur production entrer en déclin. Quand va se situer le pic de production mondial de pétrole ?

De nombreux experts et organismes réalisent des estimations, ils ont chacun leur point de vue sur le problème et les dates du pic, qui s'échelonnent entre 2006 et 2060. Parmi les facteurs expliquant ces différences, la qualité des données figure en bonne place, suivie : des compétences et de la bonne foi des experts, de la qualité du modèle de simulation, de l'estimation du potentiel des pays producteurs du Moyen-Orient et de l'évaluation du potentiel des progrès technologiques.

Les différences d'approche sont importantes et depuis quelques années le petit milieu des experts prévisionnistes est traversé par des débats intenses et parfois passionnés. Il n'est pas aisé au non-initié de se faire une idée sur ce problème, d'autant plus que les forces en présence sont souvent déséquilibrées. Face au pouvoir et à la renommée de l'Agence internationale de l'énergie et de ses économistes, d'irréductibles géologues européens essayent de résister. Leur niveau de compétence n'a rien à envier à celui des experts de l'AIE, bien au contraire, mais il leur manque sans doute, pour l'instant, la potion médiatique.

Deux points de vue : géologues et économistes pétroliers

L'extraction du pétrole est une action de l'homme sur la nature. Comme toute autre activité, elle suit des procédures et une organisation qui se sont progressivement complexifiées à mesure que l'ampleur des défis augmentait. Aujourd'hui on peut schématiquement distinguer deux populations présentant des points de vue différents : les géologues et les ingénieurs de terrain d'un côté, et de l'autre les économistes pétroliers, généralement en accord avec le management des compagnies pétrolières.

Les géologues sont sur le terrain, confrontés à la réalité. Lorsqu'ils recherchent de nouveaux gisements, ils doivent comprendre les structures du sous-sol pour décider de l'emplacement des forages d'exploration. Environ sept fois sur dix ces forages, destinés à vérifier si le sous-sol pressenti abrite bien un gisement de pétrole, sont dits « secs », donc sans pétrole. Ces petits échecs font partie intégrante de leur métier, ils doivent fréquemment remettre en cause leurs théories et leurs techniques. Avec les ingénieurs réservoir et les ingénieurs d'exploitation, ils sont ainsi régulièrement confrontés aux difficultés croissantes des découvertes et de la production des nouveaux gisements. Sans exploration et sans production, il n'y a pas d'industrie pétrolière.

Les économistes pétroliers, eux, ont une vision abstraite de la réalité. Ils peuvent travailler au sein des compagnies pétrolières, mais la majorité d'entre eux sont à l'extérieur de celles-ci. Dans ce second cas leur travail consiste à commenter les performances ou à juger les acteurs de l'industrie pétrolière, la distance à la réalité est donc encore plus grande. Ceux que l'on nomme alors « analystes financiers » doivent comprendre les facteurs de rentabilité qui vont convaincre les investisseurs, et estimer la solidité de montages financiers dont les montants sont généralement élevés, par exemple 6,5 milliards de dollars pour le projet de plate-forme pétrolière Ekofisk en mer du Nord[67]. Ils devront aussi s'assurer qu'il existe bien des partenaires pour la commercialisation des produits pétroliers. Le rôle des économistes pétroliers est important puisque, sans investissements et sans débouchés commerciaux, il n'y a pas d'industrie pétrolière.

Depuis un siècle et demi, augmenter la production de pétrole se fait en augmentant investissements et exploration. Mais la déplétion qui s'annonce modifie ces perspectives : hausse des investissements ne rimera plus nécessairement avec hausse de la production. La compréhension du phénomène par les géologues est naturellement plus précoce que celle opérée par les économistes, qui, jusqu'à présent, n'avaient aucune raison particulière de s'intéresser aux détails des difficultés sur le terrain.

Ces deux points de vue se traduisent dans les estimations de la date du pic de production. En forçant le trait, on distingue deux positions diamétralement opposées : d'un côté les géologues et ingénieurs terrain pensent, comme d'habitude, que les difficultés sont cette fois insurmontables ; de l'autre, les économistes et les financiers pensent que, comme d'habitude, le problème sera résolu par des investissements et de la technologie.

Cette différence de points de vue n'est pas spécifique à l'industrie pétrolière, les acteurs économiques sont essentiellement préoccupés par les ventes (la demande) et les coûts (les investissements), alors que la production, qu'il s'agisse de prestations de services ou d'industrie lourde, est souvent vue comme une somme de contraintes qui devra s'adapter et que l'on n'hésite pas à mettre sous pression.

Si le risque pour les économistes est de minimiser le problème de la déplétion, les géologues, de leur côté, peuvent avoir tendance à l'amplifier et donc envisager une date trop proche pour le pic mondial.

À trop crier au loup...

Compte tenu du rôle stratégique et de l'importance croissante acquise par le pétrole, prévoir le potentiel de production future a pratiquement toujours été une préoccupation. Le nombre de rapports sur le montant des réserves mondiales et des prévisions de la date du pic de production de pétrole est impossible à déterminer avec précision ; certains en ont dénombré[68] plus de 75 depuis les origines de cet exercice.

C'est la Seconde Guerre mondiale qui amènera les États-Unis à se poser la question des quantités maximales de pétrole existant sur la planète, c'est-à-dire aussi bien pour les Alliés que pour l'ennemi. Les premières estimations faites concernaient le montant des réserves ultimes de pétrole et ignoraient le phénomène de pic de production. Ainsi, le premier chiffre annoncé date de 1942, il est alors de 650 milliards de barils[69]. Progressivement, les techniques d'estimation s'affinent pour conduire aujourd'hui à un quasi-consensus situé aux alentours de 2 000 milliards de barils pour les réserves de pétrole dit « conventionnel ».

Régulièrement, la fin du pétrole a été annoncée en vain. En réalité, c'était parfois le pic de production qui était annoncé, mais la méconnaissance du phénomène de déplétion peut conduire à une confusion entre ces deux événements. Autre information que l'on peut confondre avec la fin du pétrole : le ratio R/P (réserves divisées par production), exprimé en années de pétrole restant. L'exemple le plus célèbre est probablement celui du rapport du club de Rome, à qui on a prêté des propos qu'il ne contient pas, à savoir la fin du pétrole pour l'an 2000. [Voir « Ce que le rapport du club de Rome n'a pas dit », p. 85.] Le ratio R/P a été de trente ans jusque dans les années 1980. À la suite de l'augmentation artificielle des réserves de l'OPEP, il est passé à quarante ans. Et, depuis quelques années, il diminue lentement[a].

Certaines études se sont fondées sur la méthode mise au point par Hubbert et cherchaient bien à déterminer la date du pic de production. Mais son application au monde entier d'aujourd'hui est bien plus complexe que pour les seuls États-Unis des années 1970 car les catégories de pétrole sont plus nombreuses (condensats issus du gaz naturel, offshore...) et les mauvaises pratiques de nature très diverse (quotas non respectés, erreurs, mauvaises conversions, vols...). La découverte progressive de tous ces facteurs s'est faite à travers quelques prévisions fausses, parfois réalisées par des experts compétents qui ont utilisé des données médiocres. C'est une application bien connue de l'effet dit GIGO *(Garbage In, Garbage Out)* voulant que, quelle que soit la qualité du modèle de simulation employé, des données de mauvaise qualité en entrée donneront des résultats erronés en sortie.

L'accès aux données techniques confidentielles par des experts indépendants au cours des années 1990 fut un progrès. Mais ces données, très riches et peu synthétiques, nécessitent une analyse fine et l'apprentissage a été progressif. Ainsi en 1995 Colin Campbell et Jean Laherrère réalisent une étude annonçant un pic en 2005. Ils la jugent aujourd'hui pessimiste puisqu'elle ne prenait pas en compte les pétroles non conventionnels.

Pour les non-spécialistes, toutes ces annonces, parfois contradictoires, peuvent ressembler à une vaste cacophonie. La posture de ceux qui ont une vision optimiste de l'avenir pétrolier est bien plus confortable. Leur discours

a. Il pourrait augmenter à nouveau car certaines sources de données politiques, notamment *Oil & Gas Journal*, commencent à ajouter du pétrole non conventionnel aux chiffres des réserves.

se veut rassurant, ils annoncent que les progrès technologiques apporteront des solutions, que l'on découvre toujours du pétrole. Certains tellement confiants ne prévoient même pas de pic de production, considérant que le problème ne se pose pas encore.

Ce que le rapport du club de Rome n'a pas dit

Le message du rapport dit « du club de Rome » publié par Donnela et Dennis Meadows en 1972, n'a pas été compris. Ce qui en a été retenu lors de sa publication est schématiquement que le pétrole serait épuisé en l'an 2000. Le message véritable contenu dans ce rapport est plus subtil et finalement plein de bon sens. Son titre original est *The Limits to Growth*, qui peut se traduire par « Les limites de la croissance », mais qui a été traduit en français par *Halte à la croissance ?*[70] Le message principal du rapport est simplement que la croissance matérielle n'est pas possible indéfiniment, ce qui est démontré à travers une modélisation très simplifiée du monde et de ses ressources naturelles. Le livre ne contient aucune prévision mais une conclusion forte qui veut que, si l'on continue à exploiter les ressources de la planète à ce rythme sans tenter de les recycler ou de les laisser se renouveler, nous allons arriver à un « effondrement » général. Pour étayer cette thèse, les données chiffrées connues à l'époque sont publiées, par exemple les réserves de pétrole, qui s'élèvent en 1970 à trente années de consommation. L'erreur principale vient d'une mauvaise interprétation de ces données, que certains ont considérées comme une prévision de la fin du pétrole pour l'an 2000. Dennis Meadows est directeur de recherche au MIT (Massachusetts Institute of Technology) il connaissait le phénomène de déplétion et ne parlait pas de la fin du pétrole.

De nombreux économistes et hommes politiques[71] de l'époque ont rejeté le message principal du livre, qu'ils jugeaient trop pessimiste : il est impossible de poursuivre indéfiniment un mode de développement économique fondé sur l'exploitation de ressources naturelles épuisables.

Les estimations en cours

Les experts et les entités qui réalisent des estimations se fondent sur un modèle de simulation qui est, par définition, une représentation simplifiée de la réalité. Ils choisissent d'intégrer ou d'ignorer un certain nombre de paramètres car la production de pétrole dépend d'une multitude de facteurs humains et économiques. La date du pic de production est donc sensible à des facteurs non géologiques. Si l'offre est insuffisante, par exemple pour cause de guerre ou d'investissements trop faibles, le pic va voir sa date avancée. Si c'est la demande qui est insuffisante, par exemple en raison d'une crise économique, la date du pic sera alors retardée. Les spécialistes font généralement des hypothèses de relative stabilité des facteurs non géologiques (croissance économique, demande de pétrole...) pour réaliser leurs estimations, qui sont donc données « toutes choses égales par ailleurs ».

Deux principaux critères divisent les experts et expliquent les différences entre les dates annoncées du pic : le potentiel technologique et les capacités du Moyen-Orient.

Les avancées de la technologie pétrolière (sismique 3D et 4D, forage horizontal, stimulation tertiaire...) vont effectivement jouer un rôle positif, mais bien plus faible que ne l'annoncent ses promoteurs. Il ne faut pas oublier que ces outils sophistiqués représentent un marché important, stimulé par de la publicité, de la promotion et du marketing. Leurs fournisseurs seraient bien idiots de démentir les vertus excessives que certains leur prêtent et de rappeler que ce sont les paramètres géologiques qui dictent le taux de récupération. On peut s'attendre à ce que les progrès techniques permettent deux choses : produire certains gisements plus rapidement mais en augmentant très peu les réserves, produire plus de pétrole non conventionnel mais avec un débit et un bilan énergétique faibles.

Les experts appuient leurs estimations sur un montant des réserves ultimes[b] de pétrole exprimées en milliards de barils (l'unité est le gigabaril, abrégé en Gb). Comme il existe plusieurs catégories de pétrole, il est important de savoir lesquelles sont prises en compte. La mention « tous liquides » *(all liquids)* signifie que tous les types de pétrole et de production liquide

---

b. Les réserves ultimes à une date donnée représentent l'ensemble du pétrole, c'est-à-dire la somme du pétrole déjà consommé, des réserves restantes découvertes et du « restant à découvrir ».

sont intégrés au modèle de simulation, qu'ils soient dits « conventionnels » ou « non conventionnels ».

Les trois estimations les plus importantes seront présentées de manière plus détaillée. Celle de Colin Campbell et celle de Jean Laherrère, qui sont parmi les spécialistes les plus reconnus au monde et les membres fondateurs de l'ASPO [voir « Naissance de l'ASPO », p. 89.] ; celle de l'AIE car cette agence est l'une des institutions les plus influentes dans le domaine de l'énergie.

Figure 4.1 : Estimations actuelles de la date du pic de production.

Experts	*Date du pic mondial*	*Remarques*	*Pétrole pris en considération*
Dr Bakhtiari (ASPO)	2006-2007	Reprend certaines données de Colin Campbell	
Colin Campbell (ASPO)	**2007**	**Méthode par pays**	**Tous liquides, ultime de 2 500 Gb**
Jean Laherrère (ASPO)	**2015**	**Méthode par gisement**	**Tous liquides, ultime de 3 000 Gb**
Pierre-René Bauquis (ASPO)	2020	Estimation initialement faite en 1999 lorsque en poste chez Total	Tous liquides
Compagnie Total	2025	La première compagnie pétrolière à reconnaître publiquement un pic proche	Non précisé
Agence internationale de l'énergie	**Pas de pic mentionné**	**Méthode économique fondée sur la demande de pétrole Augmentation sans fléchissement jusqu'en 2030**	**Pétrole conventionnel, ultime de 2 626 Gb**
Peter R. Odell	2060	Vision controversée	Tous liquides, ultime supérieur à 6 000 Gb

Naissance de l'ASPO

Il y a une dizaine d'années, Alain Perrodon et Jean Laherrère, deux géologues, réalisaient des études sur les réserves mondiales de pétrole pour la société Petroconsultant, spécialisée dans la collecte d'informations hautement confidentielles dans le domaine pétrolier. Leurs rapports étaient vendus 35 000 dollars pièce aux grandes compagnies pétrolières. Très informés sur l'avenir sombre de la production mondiale, ils ont été rejoints par Colin Campbell, un géologue écossais. Tous trois souhaitaient trouver un moyen d'alerter l'opinion publique. Campbell et Laherrère ont publié en 1998 un article très remarqué dans la revue *Scientific American*. Ils ont alors cherché des fonds pour organiser des conférences et diffuser l'information via Internet.

L'ASPO (Association for the Study of Peak Oil and Gas) a été créée en 2000 par Colin Campbell, qui a rassemblé autour de lui plusieurs géologues pétroliers retraités, des universités européennes intéressées par l'énergie et plusieurs personnalités de l'industrie pétrolière comme le Dr Bakhtiari d'Iran et Matthew Simmons des États-Unis.

Lord Astor, qui a fait fortune pendant la guerre dans la fabrication d'avions Spitfire, préoccupé par le sujet, a financé la première conférence internationale annuelle de l'ASPO. Elle a eu lieu en 2002 à Uppsala, en Suède, organisée par le Dr Aleklett (l'actuel président). La deuxième s'est déroulée dans les locaux de l'IFP (Institut français du pétrole), près de Paris, en 2003. La troisième session, à Berlin, servira de caisse de résonance aux interrogations sur les réserves mondiales dans un contexte pétrolier tendu.

L'ASPO a un fonctionnement souple, mais le choix de ses membres, 24 universitaires et géologues européens, est plutôt sélectif. Cette association essaie de compenser son manque de moyens financiers par une expertise de qualité sur le pétrole et le gaz naturel. Avec succès, semble-t-il.

Colin Campbell : un pic en 2007

Colin J. Campbell est un géologue à la retraite fondateur de l'ASPO. Il a passé toute sa carrière dans l'industrie pétrolière et se consacre désormais à l'étude de la déplétion du pétrole mondial. Sa dernière prévision pour l'année du pic est 2007. Il base cette estimation, réalisée en 2004, sur un montant des réserves ultimes de pétrole conventionnel de 1 850 milliards de barils et un volume total « tous liquides » confondus de 2 500 milliards de barils[72] (excluant les gains de raffinerie).

La notion de pétrole « tous liquides » se généralise maintenant parmi les prévisionnistes, sous l'impulsion des membres de l'ASPO, afin d'éviter toute confusion sur les définitions très imprécises et controversées du pétrole.

Il distingue le pétrole conventionnel des quatre types de pétroles non conventionnels : le pétrole polaire (dans le cercle arctique), celui produit en mer à plus de 500 mètres de profondeur, les condensats ou les liquides issus du gaz naturel et enfin tous les pétroles lourds. Le graphique suivant présente son estimation en faisant ressortir la part de chaque type de pétrole.

Figure 4.2 : Le modèle de simulation de Colin Campbell avec un pic mondial en 2007.

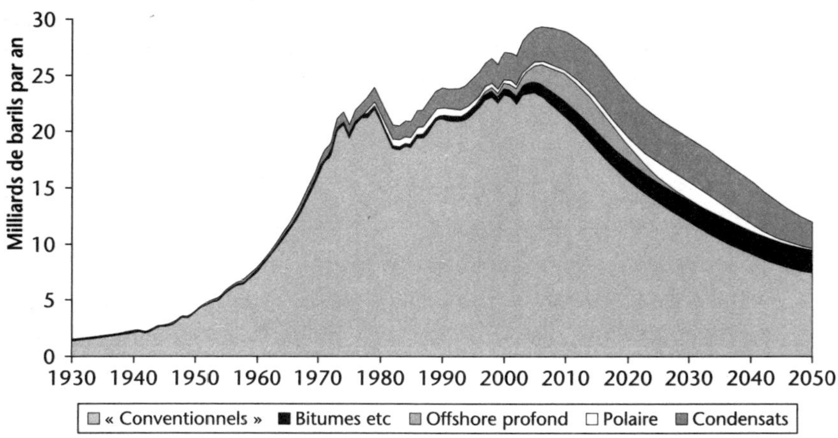

Colin Campbell base son modèle interne de simulation sur les productions nationales de pétrole. En effet chaque pays producteur applique des règles de comptabilisation qui possèdent une certaine homogénéité. S'il existe une pratique, par exemple, de surestimation des réserves, elle concernera l'ensemble des gisements du pays. Il utilise des données techniques confidentielles. Mais comme il souhaite pouvoir diffuser un certain nombre de ses informations sans en avoir réellement le droit, il utilise une astuce habile, dont il ne se cache pas, qui consiste, à partir de données publiques sur les réserves, à déterminer un pourcentage de surestimation. Par exemple, l'Irak déclare des réserves de 115 milliards de barils, mais Colin Campbell considère que le montant réel est de 82 milliards de barils ; il y a donc surévaluation de 28 %. Sa « valeur ajoutée » est la détermination la plus fine possible d'un pourcentage de surestimation qu'il obtient en fait directement à partir des données techniques. En procédant de la sorte, il souligne le fait que les données officielles des réserves sont souvent artificiellement « gonflées » et il révèle des informations contenues dans les bases de données techniques, sans que l'on puisse le lui reprocher.

Baser son travail sur des données par pays, comme il le fait, n'est pas la manière la plus rigoureuse de faire mais possède des avantages. L'aspect positif est que l'activité d'exploitation d'un gisement est une activité avant tout humaine. Or les frontières nationales délimitent bien des zones ayant une homogénéité de comportement et de politiques énergétiques. Deux exemples : l'OPEP applique des quotas de production différents pour chacun de ses pays membres, les Pays-Bas et la Norvège ont à un certain moment volontairement limité l'exploration de leur sous-sol afin d'éviter une exploitation trop rapide de leurs ressources naturelles. Autant de facteurs influençant le modèle de simulation.

Colin Campbell a réalisé plusieurs estimations avant celle-ci. La précédente ne datait que de 2002 et pronostiquait un pic en 2010. Il explique ce décalage de trois ans par deux phénomènes : la forme du pic et les réserves du Moyen-Orient. Il pense que le sommet de la production aura une forme arrondie et aplatie, expliquant qu'une modification minime dans les données d'un ou plusieurs pays déplace la date du pic de quelques années. Or Colin Campbell pense que le Moyen-Orient, contrairement à ce que dit l'Arabie saoudite, ne pourra pratiquement plus augmenter sa production. Les capacités excédentaires de production seraient désormais quasi nulles.

Jean Laherrère : un pic vers 2015

Jean Laherrère est géologue-géophysicien et ingénieur diplômé de l'École polytechnique. Il a participé, entre autres, à de nombreuses campagnes d'exploration pour la compagnie pétrolière Total, à des travaux de normalisation des réserves pétrolières mondiales[c], à des études prospectives sur l'énergie pour le Commissariat général du Plan. Il prévoit, en 2004, que le pic de production mondial sera en 2015 avec un montant des réserves ultimes « tous liquides » confondus à 3 000 milliards de barils[73]. Ces derniers se décomposent en 2 100 milliards de barils pour le pétrole conventionnel et 900 pour le non conventionnel et autres liquides (dont les gains de raffinerie).

Jean Laherrère réalise ses estimations sur la base de données détaillées gisement par gisement, ce qui a l'inconvénient de demander une fastidieuse analyse de plus de 20 000 gisements actifs au monde, mais donne un résultat plus précis car les calculs de marge d'erreur sont mieux pris en compte. Pour cela il utilise, lui aussi, ses relations pour accéder gratuitement aux bases de données techniques très onéreuses du marché. Il fournit beaucoup d'informations de référence, très détaillées et généralement publiées sur Internet, à la communauté scientifique sous forme d'études, de publications dans des revues spécialisées, et surtout de graphiques (dont un certain nombre figurent dans le présent ouvrage). Le domaine de la prospection des hydrocarbures lui doit de nombreux apports théoriques, par exemple celui de la distribution de type « fractal parabolique », qui permet la détermination des réserves ultimes de pétrole et peut aussi s'appliquer à d'autres domaines[d].

Il nuance la date de 2015 pour le pic de production mondial en parlant en réalité de « plateau en tôle ondulée ». Car le sommet de la production mondiale ne sera pas de forme saillante mais relativement aplatie bien que perturbée par des aléas économiques (crises, dépressions). Compte tenu des grandes incertitudes à la fois sur les données pétrolières mais aussi sur le contexte économique, il n'est possible de donner qu'une fourchette pour la date du pic, qu'il situe entre 2010 et 2020 avec 2015 comme année moyenne. La production des pays producteurs hors OPEP devrait atteindre un maximum avant 2010 tandis que celle des pays de l'OPEP l'atteindrait vers 2020. La

c. En 1995 et 1997 pour le compte du SPE/WPC (Society of Petroleum Engineers/World Petroleum Congress).

d. Aux galaxies en astronomie et aux agglomérations urbaines. Voir le compte rendu de l'Académie des sciences (avril 1996), « Distribution de type fractal parabolique dans la nature ».

production de pétrole non conventionnel, qu'il entend au sens large puisqu'il y intègre par exemple le pétrole issu du charbon et les gains de raffinerie[e], devrait atteindre un pic entre 2030 et 2050. L'influence de ce dernier est négligeable sur la date du pic mondial mais influence la pente du déclin post-pic.

Il estime qu'il est délicat de donner plus de deux chiffres significatifs sur des données pétrolières car leur marge d'erreur est souvent de l'ordre de 10 %. La plupart des sources officielles donnent des chiffres d'une précision irréaliste ; ainsi, *Oil & Gas Journal* n'hésite pas à publier annuellement un montant de réserves mondiales avec 10 chiffres significatifs (en 2001 : 1 031,553 477 Gb pour le pétrole conventionnel), alors qu'il y a débat dès le deuxième chiffre.

Le graphique page suivante présente son estimation ainsi que celle de l'Agence internationale de l'énergie.

Agence internationale de l'énergie : l'art de ne pas passer aux aveux

L'AIE a été créée à l'initiative des États-Unis en 1974, au lendemain du premier choc pétrolier de l'histoire. Ses 26 membres comprennent les pays occidentaux industrialisés les plus riches ainsi que l'Union européenne, qui participe aux travaux. Ses deux objectifs principaux sont de répondre à une pénurie temporaire de pétrole suite à une crise (constitution de stocks stratégiques) et de coordonner les politiques énergétiques. Mais on peut lui en ajouter un troisième, implicite, qui consiste à tenter de maintenir bas les prix du baril, car il s'agit d'une organisation de pays importateurs de pétrole qui, sous l'égide des États-Unis, fait contrepoids à l'OPEP. Son estimation pour le pic de production mondial est particulière puisqu'elle n'en prévoit pas. Ses projections s'arrêtent en 2030 et ne montrent aucun fléchissement de la production, qui devrait atteindre 121,3 Mb/j[74]. Les réserves ultimes, qui ne concernent pourtant que le pétrole conventionnel, s'élèvent à 2 626[f] milliards de barils. Toutefois, l'AIE commence à admettre que la situation devient problématique.

e. Le pétrole lourd gagne du volume (1,8 Mb/j) en raffinerie lors des opérations de craquage et d'hydrogénation.

f. La précision de ces estimations est surprenante.

Figure 4.3 : Le modèle de simulation de Jean Laherrère avec un pic en 2015 et le modèle de l'AIE sans pic.

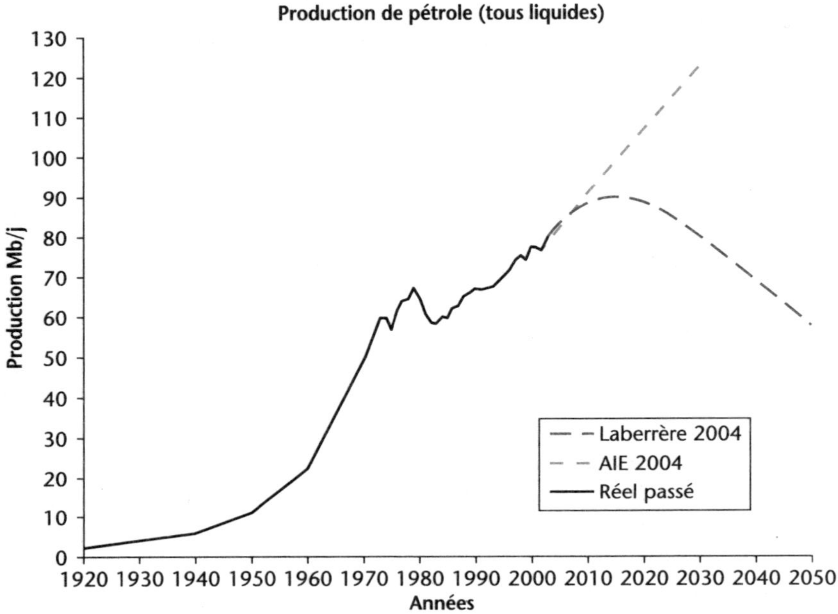

La méthode employée par l'AIE est davantage une philosophie d'inspiration économique qu'une méthode basée sur des réalités géologiques. Elle consiste à estimer d'abord la demande mondiale de pétrole puis le niveau d'investissements financiers nécessaire pour y répondre. L'évaluation du potentiel de la production mondiale est donc secondaire. Bien entendu, l'AIE n'admet pas qu'elle travaille de cette manière. Cette méthode a bien fonctionné jusqu'à aujourd'hui, mais n'est plus opérante maintenant que l'on atteint les limites de la production à l'approche du pic. Le problème est que l'AIE, pourtant censée éclairer le monde ainsi que les dirigeants politiques et économiques, est en fait à la traîne face à la déplétion. Il s'agit soit d'un organisme honnête et parmi les derniers informés, soit d'un organisme cynique et cherchant à s'assurer par tous les moyens que les prix du baril de brut restent bas – la perspective du pic de production faisant en effet grimper les prix.

L'AIE est un fournisseur d'études et de statistiques énergétiques de qualité tant que la problématique des réserves d'hydrocarbures n'est pas abordée. Elle publie un rapport prospectif sur les énergies tous les deux ans *(World Energy Outlook)* dont sont tirées ses estimations pour le moins optimistes sur l'avenir pétrolier. Cet ouvrage est pourtant considéré comme une référence. Il est intéressant d'en comparer les différentes éditions pour déceler une évolution dans les positions officielles de cet organisme. Dans le rapport 2004, les chiffres publiés sont tout aussi optimistes que dans celui de 2002, mais le discours évolue. On peut y lire, entre les lignes, que les réserves et la production sont susceptibles de poser problème à l'avenir. La production de pétrole conventionnel pourrait baisser avant 2030, mais pas la production totale grâce à une compensation miraculeuse du pétrole non conventionnel[g]. L'AIE assure par ailleurs qu'il n'y aura pas de fléchissement de la production de pétrole d'ici à 2030 tant que les investissements, certes d'un montant important, sont au rendez-vous.

Un scénario alternatif est envisagé en cas de prix durablement élevés qui prévoit une demande en baisse de 15 % si jamais les prix sont supérieurs à... 35 dollars le baril sur toute la période considérée.

Parallèlement, une initiative ambitieuse est lancée pour normaliser les pratiques de déclaration des réserves pétrolières. Les problèmes réels sont pointés du doigt avec honnêteté. Un bras de fer est même engagé avec la SEC, un des principaux fautifs, qui a déclaré être contre toute mesure contraignante pour les compagnies pétrolières[75]. Si l'on peut espérer voir un jour la SEC adopter une position plus conciliante, il sera en revanche très difficile, voire impossible, de forcer les pays de l'OPEP à être plus transparents. Jean Laherrère considère qu'ils ne dévoileront leurs véritables chiffres que lorsque les quotas seront supprimés, une fois le pic de production dépassé. Mais cette initiative de l'AIE permettra au moins de constater leur mauvaise volonté et de mettre officiellement leurs chiffres en doute. Le rapport 2004 indique également que le manque de fiabilité des données pétrolières est susceptible de décourager les investissements dans les capacités supplémentaires de production. Nous restons dans un raisonnement économique qui considère que si la production fléchit c'est un problème d'investissement ou de demande, mais certainement pas une limite physique due au

g. Trois estimations du pic de pétrole conventionnel sont mentionnées page 102 du rapport (table 3.4) et indiquent un pic possible en 2028-2032 (hypothèse préférentielle), en 2013-2017 (hypothèse basse) ou bien en 2033-2037 (hypothèse haute). Mais attention ! il ne s'agit pas d'un pic de la production totale puisque le pétrole non conventionnel compense la baisse.

phénomène de déplétion. À ce rythme, on peut espérer que l'édition 2006 du rapport prospectif de l'AIE annonce clairement le problème de la déplétion et avance enfin une date pour le pic de production.

Il ne faut pas croire qu'au sein de l'AIE tout le monde se plie aux consignes, probablement dictées par Washington. L'édition 1998 du rapport de l'AIE comporte quelques informations intéressantes sur le pic de production. Le directeur de la division « qualité long terme », Jean-Marie Bourdaire, a réussi à faire passer quelques messages importants : une dizaine de pages de commentaires sur le pic de Hubbert et les problèmes d'estimation des réserves (problèmes redécouverts en 2004) et surtout la fameuse astuce du « *balancing item* ». Il s'agit d'une production imaginaire de « pétrole non conventionnel non identifié » qu'il a introduit très discrètement et très subtilement dans le rapport, car toute trace de fléchissement de la production à long terme n'aurait pas franchi l'étape de validation hiérarchique. Le *balancing item* sert en fait à équilibrer production et demande mais ne correspond à rien de réel. Une fois dans la confidence, il est possible de comprendre que le rapport indique que la production de 2020 sera inférieure à celle de 2010. Il s'agit de la seule estimation « officielle » de l'AIE sur un pic de production. Le tableau suivant reproduit une partie des données.

Figure 4.4 : Prévisions de production de pétrole, extraites du rapport AIE 1998.

Millions de barils par jour	1996	2010	2020
Demande totale de liquides	72,0	94,8	111,5
Production mondiale de liquides sauf pétrole non conventionnel non identifié	72,0	94,8	92,3
Balancing item : pétrole non conventionnel non identifié	0	0	**19,1**

Selon ces données de 1998, le pic de production devrait donc survenir entre 2010 et 2020 ; le montant des réserves ultimes pris en compte pour cette simulation[h] est assez comparable aux estimations d'experts indépendants.

h. 2 300 milliards de barils pour les réserves ultimes de pétrole conventionnel.

L'étude interne de l'AIE, qui est, elle, restée confidentielle, prévoyait un pic en 2014[76].

Autres prévisions

Le Dr Bakhtiari (membre de l'ASPO) prévoit un pic en 2006-2007. Son estimation, réalisée en 2004, est proche de celle de Colin Campbell, dont il reprend les données. C'est le seul expert international originaire du Moyen-Orient à publier des estimations. Il est intéressant de noter qu'il n'est pas très optimiste quant au potentiel de cette région et à celui de son pays natal, l'Iran, dont il connaît bien les ressources réelles. Son modèle prévoit une production maximale de l'ordre de 81 millions de barils par jour, or ce niveau est déjà atteint et dépassé aujourd'hui, ce qui laisse penser que sa vision est sans doute un peu pessimiste.

Pierre-René Bauquis prévoit un pic en 2020. Il a réalisé cette estimation en 1999 lorsqu'il était encore en poste au sein de l'équipe de direction de la compagnie Total. Désormais à la retraite, et membre de l'ASPO, il considère, en 2004, qu'elle est toujours d'actualité.

La compagnie pétrolière Total prévoit, en 2004, un pic de production au cours de la décennie 2020-2030, vers 2025. Il s'agit d'une déclaration officielle d'un membre de l'équipe de direction publiée dans un des rapports annuels[77] et confirmée à plusieurs reprises par la suite. Il s'agit certainement de la première compagnie pétrolière d'envergure à se positionner aussi clairement sur la déplétion à venir. Il est difficile aux acteurs de l'industrie pétrolière d'être alarmistes dans ce domaine car ils doivent éviter d'évoquer le problème des réserves surévaluées de l'OPEP. BP, par exemple, se refuse à tout pronostic, ne voit aucun pic imminent et considère que la visibilité sur la production est au maximum de cinq ans[78]. Les compagnies pétrolières s'en tiennent généralement à un discours favorable aux nouvelles technologies qu'elles utilisent et dont elles doivent justifier les coûts. Il leur est nécessaire de ménager les intérêts, voire les susceptibilités, de leurs actionnaires, comme en témoigne cette anecdote. En 2001, John Browne, le PDG de BP, décide à l'occasion de la fusion avec Amoco de changer d'image et de nom en se positionnant comme acteur de l'énergie en général et non du pétrole en particulier[79] : BP, initiales de British Petroleum, devient Beyond Petroleum (« après le pétrole »). Tollé parmi les actionnaires. Au bout de deux semaines le nom est simplement devenu BP et l'est resté. Les autres compagnies demeurent discrètes à propos de la déplétion. Shell publie régulièrement des scénarios très variés et généralement optimistes. Exxon Mobil reconnaît le phénomène à demi-mot mais ne publie pas d'estimation chiffrée[80].

La dernière estimation retenue est celle de Peter R. Odell, professeur émérite à l'université Erasmus de Rotterdam aux Pays-Bas. Il prévoit un pic en 2060. Ses thèses sont très optimistes, mais ses assertions reposent en partie sur une théorie d'origine russe très controversée, voire farfelue. Selon cette théorie, gaz naturel et pétrole pourraient provenir, non pas de matière organique décomposée il y a plusieurs millions d'années mais de réactions chimiques se produisant continuellement dans les profondeurs du manteau terrestre[81]. Selon lui, la production de pétrole non conventionnel devrait atteindre des niveaux comparables à ceux du pétrole conventionnel et ses réserves ultimes sont supérieures à 6 000 millions de barils, soit le double des chiffres de Jean Laherrère. Ses chiffres et ses prévisions sont peu fréquemment cités, mais il a le mérite de susciter l'optimisme. Il est peu probable qu'un organisme officiel ose envisager un pic de production proche de ce que pressent Peter Odell.

Un pic de production mondial autour de 2015

Quelle estimation semble la plus pertinente ? Par élimination, on peut mettre de côté celle du Dr Bakhtiari (2006), qui paraît trop pessimiste et est déjà contredite par les faits bien que publiée récemment[82]. Du côté des optimistes, la prévision de la compagnie Total (2025) constitue la borne maximale. C'est une estimation possible, mais au plus tard du pic – comme toute compagnie pétrolière, Total est implicitement soumise à des pressions économiques et politiques.

Les positions de l'AIE sont très conservatrices et ne peuvent pas être considérées comme reflétant une estimation réalisée scientifiquement et en toute bonne foi. Cela n'empêche pas certains de ses membres d'être préoccupés individuellement par le problème. De plus, le discours officiel évolue, lentement certes, mais reconnaît maintenant qu'il existe des craintes[83] vis-à-vis du niveau d'investissements, jugé insuffisant, ce qui risquerait de limiter la production. L'AIE reconnaît aussi qu'il sera peut-être nécessaire de réduire les usages d'énergies fossiles pour limiter les dégâts causés à l'environnement. Une position « écologiste » heureuse, tout comme l'initiative de standardisation des déclarations des réserves, bien qu'il soit dommage qu'elle ne soit pas intervenue à la suite du rapport de 1998.

La prévision de Pierre-René Bauquis (2020) est tout à fait crédible – mais l'ayant faite alors qu'il était en fonction chez Total, il a publié très peu de détails à son sujet. Il est donc difficile de la comparer aux autres ; de plus, on peut considérer qu'elle est « compatible » voire incluse dans l'intervalle annoncé par la compagnie Total (2020-2030).

Il reste donc, sans surprise, les estimations des deux membres fondateurs de l'ASPO : Colin Campbell et Jean Laherrère. Les deux sont possibles mais celle de Jean Laherrère (2 015 ± 5 ans) semble plus solide.

Colin Campbell a avancé la date de son pic de production de trois ans, ce qui est surprenant compte tenu de la marge d'erreur, de l'ordre de cinq ans, de ce genre d'estimation. Il est très pessimiste sur le potentiel de l'Arabie saoudite et attend très peu des progrès technologiques. Il s'attend à une récession économique consécutive à un choc pétrolier après 2007 qui réduirait la demande de manière significative. C'est une des raisons qui le conduisent à être si pessimiste, mais n'est-il pas risqué de vouloir intégrer à sa prévision des facteurs psychologiques autrement plus incertains que les facteurs géologiques ? C'est la critique la plus sérieuse que lui font ses pairs, qui considèrent pourtant que la date de 2007 est loin d'être improbable.

Jean Laherrère également considère que de grands risques planent sur l'économie et qu'une récession est à craindre. Il ne se hasarde cependant pas à donner de date pour cet événement et préfère mentionner que le sommet de la production sera un « plateau ondulé » probablement marqué par les crises. Sa démarche est très rigoureuse et son modèle de simulation par gisement précis. Il donne une fourchette de dates pour son estimation du pic entre 2010 et 2020 si la demande n'est pas contrainte, par une forte crise économique par exemple.

Plusieurs faits tendent vers cette date de 2015. Il apparaît que les pays ayant une production significative entrant en déclin sont de plus en plus nombreux : la mer du Nord dont l'exploitation a débuté dans les années 1970 (Grande-Bretagne pic en 1999 et Norvège en 2001), le Mexique (pic en 2004) et la Chine (pic en 2004). La Russie devrait atteindre son pic secondaire vers 2011. Les productions en mer profonde vont augmenter jusqu'en 2012 et déclineront quelques années plus tard de manière abrupte. Il ne restera alors plus que quatre pays importants (Arabie saoudite, ÉAU, Irak et

Kazakhstan) et les productions de pétrole non conventionnel pour compenser le déclin d'une soixantaine de pays producteurs. Ce sera très difficile.

L'apparente précision de ces chiffres ne doit tromper personne, l'incertitude demeure grande. 2015 est un repère, une date à prendre au sérieux mais pas au pied de la lettre. De nombreux paramètres sont susceptibles d'avancer ou de reculer légèrement la date du pic mondial de production. Il sera ponctué par un ou plusieurs chocs pétroliers.

Chapitre 5
Un choc pétrolier d'un nouveau genre

« Quand c'est urgent, il est déjà trop tard. »
Talleyrand

La production mondiale de pétrole va vraisemblablement atteindre son maximum autour de 2015 bien que certains facteurs conjoncturels soient susceptibles d'avancer ou de retarder cette date. Comment vont se dérouler le passage du pic et les années qui nous séparent de cet événement ?

Parmi les estimations d'experts, passées en revue au chapitre précédent, celle de Jean Laherrère qui prévoit un pic en 2015 (± 5 ans) a été retenue et servira de référence. Il s'agit d'un modèle présentant la tendance à long terme qui déterminera le moment auquel la production va décliner.

En nous plaçant sur une échelle plus réduite, intéressons-nous au moment où la demande de pétrole n'est plus entièrement satisfaite. Ce moment se situe avant le pic de production et marque le début d'une période de perturbations. Or il semble bien que ce point ait été atteint vers la fin de l'année 2004.

Identifions les éléments susceptibles d'influencer la période nous séparant du pic pour dégager des scénarios possibles.

Inversion de tendance après un siècle et demi de surproduction

Dans l'histoire de l'humanité, l'âge du pétrole durera, en tout et pour tout, environ trois siècles et nous atteignons la moitié de cette période. Depuis le début de l'industrie pétrolière, en 1859, jusqu'à la fin 2004, aux prémices du déclin, cette industrie aura été caractérisée par la surproduction. Nous sommes pour l'instant dans une phase intermédiaire, comme l'a indiqué récemment un dirigeant d'une grande entreprise du secteur pétrolier : « Pour la première fois dans l'histoire de notre industrie, l'offre est une question aussi centrale que la demande[a]. »

Le premier effet de la surproduction est de tirer les prix vers le bas. Depuis ses origines, l'industrie pétrolière a mis en place, de manière plus ou moins formelle, des mécanismes destinés à contourner ce qui ressemble à une fatalité, mais s'avère généralement provoqué par l'arrivée de nouveaux pays producteurs sur le marché mondial. Juguler la surproduction s'est fait soit par l'application de quotas, soit par la recherche de nouveaux débouchés commerciaux.

À la fin du XIXe siècle aux États-Unis, c'est la présence d'un très grand nombre de producteurs attirés par la ruée vers l'or noir qui crée ce contexte de surproduction. Lorsque des hommes d'affaires, tel Rockefeller, ont tenté de mettre la main sur le marché pétrolier américain, ils n'ont pas pu le faire en contrôlant la production, le trop grand nombre d'acteurs rendant les ententes impossibles.

Ils ont focalisé leur action de contrôle sur la distribution et le transport du précieux combustible. [Voir « Rockefeller, le génie du lampant », p. 54.] Les États-Unis, qui avaient alors la première production au monde, étaient obligés d'écouler leur surplus par l'ouverture de marchés à l'extérieur du territoire. Puis, dans les années 1930, la situation change, les pays producteurs deviennent nombreux et les États-Unis sont forcés de mettre en place un système de quotas pour leur marché intérieur.

À cette même époque, le marché mondial est dominé par les grandes compagnies pétrolières anglo-saxonnes, les « majors », que l'on appelait

a. Andrew Gould, président de Schlumberger, le 15 juin 2004.

aussi les « sept sœurs ». Elles avaient pour politique de maintenir des prix suffisamment bas pour permettre le développement de la consommation nécessaire à l'écoulement de quantités produites toujours plus importantes. Cette politique demandant une organisation solide, elle a pris la forme d'un cartel. L'arrivée sur le marché de pétrole en provenance d'Amérique du Sud et d'Europe risquait de créer une situation de compétition propice à l'effondrement des cours. En 1928, une rencontre entre les dirigeants des principales majors a donc eu lieu et a débouché sur un accord de fixation des prix internationaux indexés sur les prix américains. [Voir « L'accord secret d'Achnacarry », p. 104.] Cet accord, régulièrement remis à jour et continuellement renégocié, a fonctionné environ trois décennies.

Dans les années 1960, les pays producteurs du Moyen-Orient décident de prendre le contrôle de leur propre pétrole en nationalisant les compagnies pétrolières qui opèrent alors sur leur territoire. L'OPEP est créée et tente de jouer le rôle de régulateur mondial, non sans difficultés, compte tenu de l'arrivée de nouveaux pays, notamment ceux de la mer du Nord. Car si les compagnies privées ont des objectifs identiques, à savoir réaliser des profits, ceux des pays producteurs sont plus hétérogènes et fluctuants. Ces pays sont soumis à des contraintes démographiques et économiques spécifiques et possèdent des réserves de pétrole de volumes très différents : certains veulent produire beaucoup pour gagner des parts de marché, quitte à voir les prix baisser, d'autres souhaitent ménager leurs réserves et veulent des prix élevés à court terme. Cette phase de l'histoire de l'industrie pétrolière où les prix sont susceptibles de baisser à la suite de l'arrivée de nouvelles provinces productrices est révolue. Les quotas n'auront bientôt plus de raison d'être, chacun produisant au maximum.

L'accord secret d'Achnacarry

En 1928, l'exploitation de nouveaux gisements en Russie, au Venezuela et en Roumanie fit définitivement basculer l'industrie pétrolière d'un marché américain à un marché mondial.

L'inclusion de nouveaux acteurs au sein d'accords ou d'ententes entre producteurs est toujours délicate à gérer. Le château d'Achnacarry en Écosse fut choisi par de nombreux et éminents dirigeants de compagnies pétrolières pour deux semaines de chasse et de pêche. Ces hommes d'affaires y séjournèrent avec certains de leurs collaborateurs et conseillers. Malgré les efforts pour garder le secret, la presse fut alertée et tenta, en vain, d'en savoir plus. Le *Daily Express* ironisa à propos de cette partie de chasse : « Le coq de bruyère ne doit pouvoir se douter de rien [84] ».

Les discussions débouchèrent sur un document de 17 pages connu sous le nom d'« accord tel quel », qui détaillait le « problème de l'industrie pétrolière », à savoir essentiellement la surproduction. Selon l'accord, chaque compagnie se voyait octroyer un quota par région basé sur les parts de marché de 1928. La consommation mondiale pouvait, bien entendu, augmenter, mais les parts de marché étaient fixées, ce qui empêchait les dégâts causés par la concurrence. De plus, les signataires de l'accord s'engageaient à approvisionner les marchés depuis le gisement physiquement le plus proche, bien que le prix de vente restât calculé en fonction du prix américain auquel on ajoutait les frais de transport... depuis les États-Unis. Les lois antitrust en vigueur aux États-Unis nécessitèrent un traitement spécifique pour le marché que représentait ce pays, qui n'était pas à proprement parler inclus dans l'accord et se voyait traité différemment. Pour pouvoir être durable, l'accord devait intégrer tous les acteurs majeurs de la production pétrolière. Les Russes, n'étant pas présents, furent donc intégrés quelques mois plus tard.

Quelques enseignements des chocs pétroliers passés

Une autre caractéristique fondamentale du marché pétrolier, après la surproduction structurelle, est la très grande sensibilité à toute carence dans les approvisionnements. Ceci est lié à la faible élasticité du pétrole par rapport au prix, c'est-à-dire que si le prix augmente beaucoup, la consommation baisse peu compte tenu de l'importance de ses usages (transports, chauffage, production d'électricité, matières plastiques...). Les prix peuvent donc atteindre des niveaux élevés pendant les périodes de crise pétrolière, comme en 1973 et en 1979, ce qui présente quelques similitudes avec la situation actuelle, inédite, vers laquelle la déplétion nous conduit.

Au début des années 1970, de nombreux intérêts convergent pour faire augmenter les prix du brut[85]. Celui des majors, qui, progressivement expulsées par les pays producteurs, explorent les pays développés avec des coûts de production plus élevés. Celui des pays exportateurs, qui veulent augmenter leurs revenus d'une manière générale et compenser la baisse du dollar en particulier, et enfin celui des États-Unis qui ont un double objectif : le premier est de relancer l'industrie pétrolière nationale dont les coûts de production sont plus élevés ; le deuxième est de distancer les autres pays industrialisés. Quelques mois avant le choc de 1973, un membre du gouvernement américain en charge de l'énergie déclare : « Si les prix du Golfe montent de 2 dollars, je pense que ce serait très bien pour l'industrie américaine. Si nous pouvons nous en arranger mieux que les Européens et les Japonais, eh bien ! c'est que nous avons plus de chance qu'eux[86]. » Une telle hausse était considérable puisque le prix était alors de 2,9 dollars le baril et revenait pratiquement à un doublement des cours. Mais les États-Unis ont sans doute été surpris par des événements qui leur ont échappé, puisque l'augmentation n'a pas été de 2 dollars mais de 8,75 dollars.

En 1973, la situation est tendue au Moyen-Orient, mais l'Arabie saoudite n'est pas favorable à une opposition frontale avec les États-Unis. Depuis la guerre des Six-Jours en 1967, Israël occupe une partie des pays arabes environnants. Afin de les récupérer, une stratégie prévoyant d'allier intervention militaire et un embargo pétrolier est prévue par les pays arabes partiellement occupés. Le roi Fayçal d'Arabie saoudite est sollicité, mais il n'est pas favorable, au départ, à l'utilisation de l'arme pétrolière. En effet, lors de la guerre de 1967, l'embargo pratiqué sur la production de pétrole a été un échec, puisque les États-Unis ont pu le compenser en augmentant leur production.

En quelques années, la situation des États-Unis dans le domaine pétrolier a néanmoins beaucoup changé, et ce pour deux raisons : la première est que les États-Unis ont atteint en 1970 leur maximum de production ; la seconde est que l'Amérique, en pleine compétition avec l'URSS, n'a pas réduit son niveau de consommation mais a augmenté ses importations, ce qui, ajouté à la hausse de la consommation mondiale, pousse l'Arabie saoudite à augmenter sa production très rapidement, trop rapidement. En juin 1972, elle produit 5,4 Mb/j, douze mois plus tard elle en produit 8,4[87]. Ce rythme d'augmentation, 62 % en un an, risque d'endommager les gisements et ne pourra pas être maintenu. Cela conduit le roi Fayçal à accepter d'utiliser l'arme pétrolière, mais en demandant au préalable aux États-Unis, un partenaire de longue date, de faire pression sur Israël pour que ses troupes quittent les territoires occupés.

Les événements vont s'enchaîner rapidement au mois d'octobre pour déboucher sur un embargo. Le 8, une réunion de négociation des prix du brut entre l'OPEP et les compagnies pétrolières occidentales est prévue, malgré le climat tendu. Mais, deux jours auparavant, l'offensive militaire arabe est lancée en vue de récupérer les territoires occupés et met Israël en sérieuse difficulté. L'URSS approvisionne les pays arabes en guerre et les États-Unis envoient du matériel militaire en Israël. Les négociations sur le prix du baril tournent court et le 16, l'OPEP augmente unilatéralement son prix d'un peu plus de 2 dollars pour passer de 2,9 à 5,11 dollars. Le 17, un embargo est décidé ; il prévoit que les États-Unis et quatre de leurs alliés (Portugal, Pays-Bas, Afrique du Sud et Rhodésie) seront soumis à une réduction de leurs approvisionnements de 5 % tous les mois.

Personne n'est préparé à une telle crise, pas plus les pays consommateurs, qui sont désemparés, que les pays producteurs, qui manquent de discipline. Tous les pays occidentaux seront finalement touchés. Certaines stations-service sont fermées et une véritable panique s'installe : la durée de la crise est une inconnue totale. Mais le Nigeria, l'Angola et l'Irak augmentent leur production et l'Iran tente une offre aux enchères qui partira à 17 dollars. Le record reviendra au Japon qui achètera une cargaison à 22,6 dollars le baril durant cette période d'enchères entre pays industrialisés. La fin de l'embargo est progressive et désorganisée. À la faveur de quelques succès dans l'avancée des pourparlers avec Israël, les pays arabes relâchent leur pression sans en prendre la décision formellement. Le 22 décembre, les prix de l'OPEP sont fixés à 11,65 dollars le baril et les approvisionnements reviennent progressivement à une situation normale, si ce n'est qu'en deux mois le prix du brut a été multiplié par quatre et non par deux comme le souhaitaient les États-Unis.

L'impact de ce premier choc pétrolier de l'histoire est considérable, provoquant une désorganisation totale et une prise de conscience : en quelques semaines, l'Occident réalise l'importance de sa dépendance vis-à-vis du pétrole et des compagnies pétrolières américaines pour ses approvisionnements. Après cette douloureuse prise de conscience, une série de mesures seront prises : des économies d'énergie (la « chasse au gaspi »), la constitution de stocks stratégiques à utiliser en cas de crise et une diversification des sources d'énergie.

Le choc de 1973 a marqué la fin des Trente Glorieuses par une crise économique et énergétique. Avant cet événement, l'augmentation moyenne de la production était de 6 % par an. Si nous avions continué à ce rythme, le pic de production mondial aurait, selon certaines études[88], eu lieu à la moitié des années 1990. Mais les économies d'énergie engagées, motivées par la crainte de prix élevés à venir, ont réussi à infléchir la courbe de production, comme le montre le graphique page suivante.

En 1979 éclate le deuxième choc pétrolier ; la révolution islamique en Iran provoque des ruptures d'approvisionnement comparables à celles du premier choc pétrolier et voit les prix s'envoler. Si l'on raisonne en dollar d'aujourd'hui[b], le premier choc pétrolier correspond à un passage de 10 dollars le baril à environ 40-45 dollars, tandis que le deuxième choc voit son prix porté à 80 dollars. Si la consommation de pétrole baisse fortement après 1979, c'est surtout grâce à l'entrée en vigueur des mesures lourdes de diversification énergétique prises à l'issue du premier choc pétrolier. Mais ce que l'on a appelé le contre-choc de 1986, c'est-à-dire une forte diminution des prix, qui seront divisés par deux, encouragera à nouveau la reprise de la production à la hausse. Il sera provoqué par une montée en puissance de nouvelles provinces pétrolières (Mexique, Alaska, mer du Nord).

Aujourd'hui, une prise de conscience rapide et une mise en place de mesures fortes pourraient donc aussi permettre de retarder la date du pic. La principale motivation de l'époque, la crainte de prix toujours plus élevés, est bien d'actualité.

Il existe quelques différences importantes entre les chocs pétroliers passés et ceux à venir. Tout d'abord, si les économies d'énergie d'alors ont été facilitées par une relative irrationalité du mode de consommation, le pétrole est aujourd'hui réservé aux usages pour lesquels il est difficilement

b. En dollar de 2003.

Figure 5.1 : Production et prix du pétrole (en dollar de 2003) entre 1970 et 1990 (source : BP).

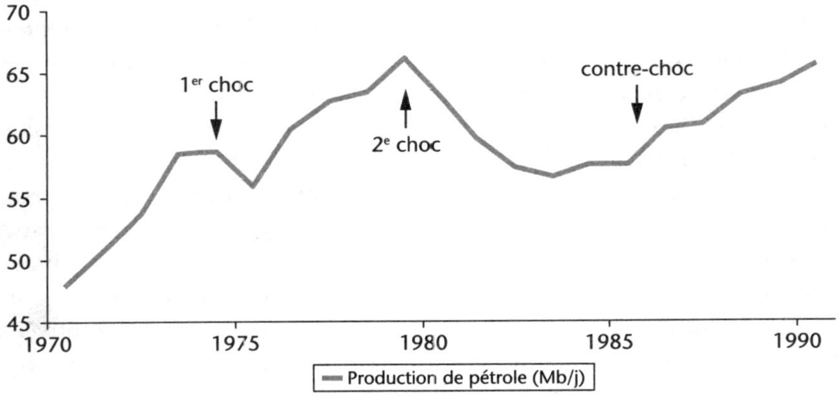

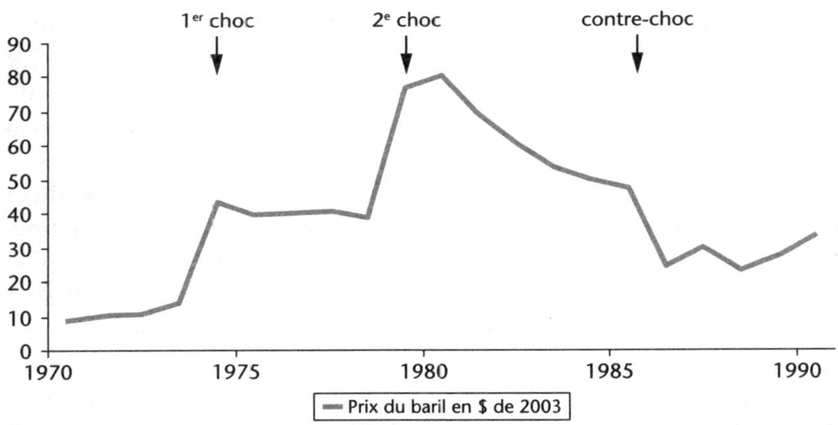

remplaçable. La manière de fixer les prix du brut a évolué au cours des années 1980 ; ils ne sont plus déterminés par le vendeur mais sur un marché en cotation continue, plus sensible aux facteurs psychologiques. Le rythme des baisses de production à attendre est différent, plus faible mais sur une bien plus longue durée : il devrait se situer autour de 2 % par an et ce jusqu'à la fin de la production de pétrole, alors qu'il était de 5 % par mois lors du premier choc pétrolier qui a duré quelques mois. Enfin, le choc, ou plus vraisemblablement la série de chocs, que nous allons vivre ne sera pas d'origine politique et soudaine mais d'origine physique et anticipée.

Les prémices du déclin

Nous sommes entrés dans la « zone de turbulences » qui précède le pic mondial et nous n'en sortirons probablement plus. L'année 2004 est caractérisée par une augmentation importante de la production poussée par une forte demande des pays d'Asie, et en particulier de la Chine, mais aussi des États-Unis. La conséquence est la baisse des capacités excédentaires de production. Elles atteignent un niveau désormais très bas, faisant craindre une rupture des approvisionnements. Si on y ajoute la prise de conscience de l'approche du pic, cela entraîne de fortes tensions sur les prix du pétrole.

L'approvisionnement en pétrole se fait à flux tendu, et bientôt sans filet. Les capacités excédentaires de production ont récemment été divisées par plus de quatre : elles sont passées de 4,6 Mb/j en moyenne en 2002 à 2 millions de barils par jour en 2003, pour arriver à 1 million de barils par jour à la mi-2004[89]. À ces niveaux, la rupture est potentiellement proche, la marge de sécurité n'est que d'un peu plus de 1 % de la production totale (82,2 Mb/j en 2004[c]), et lorsque des pays producteurs importants entrent dans la tourmente, les acheteurs sont au bord de la panique. Voici quelques-uns des événements récents déclencheurs de hausse : la grève des ouvriers du pétrole en Norvège (production de 3,2 Mb/j), les troubles au Nigeria (2,1 Mb/j), le référendum pour la destitution du président du Venezuela (2,9 Mb/j), les attentats en Irak (1,7 Mb/j). Dans ces conditions, il faut soit limiter la consommation, soit augmenter la production. Mais, comme d'habitude, c'est à la deuxième solution que l'on pense en se tournant vers les plus gros pays exportateurs.

L'OPEP a multiplié les déclarations pour tenter de calmer le jeu en annonçant plusieurs relèvements de ses quotas de production, mais l'effet a été négligeable, et ce pour plusieurs raisons. La première est que tous les spécialistes savent que l'OPEP ne respecte pas ses quotas officiels, ceux-ci sont déjà dépassés et la marge de manœuvre réelle est quasi nulle. La deuxième est que les types de pétrole que l'OPEP a finalement été en mesure de fournir pour calmer la situation étaient de mauvaise qualité. Il s'agit de crus lourds contenant beaucoup de soufre, peu appréciés des raffineurs. Enfin, les

c. Valeur de la production « tous liquides » estimée par l'AIE au 9 septembre 2004.

déclarations contradictoires du président de l'OPEP n'ont rien arrangé puisqu'il a alternativement annoncé que le maximum des capacités de production était atteint et que la production allait être relevée.

En cette année 2004, la hausse de la consommation est due à la bonne santé économique des États-Unis, peu économes en hydrocarbures, mais surtout à la croissance asiatique. La Chine vit une phase d'industrialisation rapide ainsi qu'un développement de sa consommation intérieure qui n'est pas sans rappeler nos Trente Glorieuses. Son parc automobile a augmenté de 50 % en quatre ans et sa croissance, de l'ordre de 8 % par an, stimule les échanges dans l'ensemble de l'Asie. La Chine se rapproche du mode de développement économique occidental à un moment où il va être nécessaire d'en inventer un autre. Ce n'est d'ailleurs pas seulement la consommation de pétrole qui augmente mais celle de l'ensemble des matières premières.

Dans ce contexte de hausse de la consommation, de baisse des capacités de production et d'attentats en Irak sur des installations pétrolières, les craintes d'une rupture d'approvisionnement sont un facteur important de hausse du prix du baril. Pourtant l'embargo pétrolier de 1973 a conduit les pays industrialisés à établir des réserves dites « stratégiques », justement destinées à être utilisées en cas de crise. [Voir « Les réserves stratégiques », p. 111.] De telles réserves, censées représenter quatre-vingt-dix jours d'importations, coûtent cher, et fin 2004 leur niveau est situé dans le bas de leur fourchette historique. Dans ces conditions, y toucher pour limiter la hausse des cours ne ferait en réalité qu'augmenter les craintes de rupture. Dans la période post-pic, les ruptures d'approvisionnement risquent d'être fréquentes ; le bon sens voudrait que l'on remplisse les réserves stratégiques au maximum. Mais cette action va provoquer une tension supplémentaire sur un marché proche de la saturation, d'autant plus que la Chine[90] et l'Inde[91] ne possèdent pas de telles réserves. Ces pays envisagent d'en construire, ce qui prendra du temps, et de les remplir, ce qui va encore augmenter leur demande.

La Chine présente un troisième facteur de hausse de ses importations futures, en plus de sa croissance économique et du remplissage de ses réserves stratégiques : elle a atteint son pic de production en 2004 et devra donc, de plus, compenser la baisse prochaine de sa production intérieure.

La situation actuelle paraît donc inextricable. Rien ne laisse penser que la production pourrait augmenter à l'avenir dans des proportions suffisantes pour combler une demande actuellement en hausse. Les prix vont certainement demeurer sensibles au moindre incident.

Les réserves stratégiques

Le pétrole est consommé à flux tendu. Pour parer à toute rupture d'approvisionnement de ce précieux carburant, au lendemain du traumatisme du premier choc pétrolier, les pays industrialisés ont constitué des réserves dites « stratégiques » sous l'égide de l'AIE. Chaque pays membre doit, en théorie, détenir l'équivalent de quatre-vingt-dix jours d'importations de pétrole. Les stocks sont composés de pétrole brut mais aussi de produits pétroliers tels que carburants et fioul de chauffage. En cas de rupture localisée, il faut donc une logistique assez sophistiquée pour fournir le bon produit au bon endroit. L'organisation et la disposition des réserves sont différentes dans chaque pays, mais trois types d'acteurs détiennent des stocks. Les deux tiers des capacités sont fournis par les acteurs de l'industrie pétrolière tandis que le tiers restant se partage entre agences gouvernementales et gouvernements selon les pays considérés.

Les réserves fluctuent de manière saisonnière et leur niveau a une forte influence sur les prix du baril. La corrélation est assez nette entre ces deux facteurs[92]. Lorsque les réserves stratégiques descendent en dessous de quatre-vingt-dix jours d'imports, la marge de sécurité se réduit et les marchés sont généralement fébriles. Au cours de l'année, les niveaux les plus bas sont atteints au moment de l'hiver dans l'hémisphère Nord.

En septembre 2004, les réserves de l'ensemble des pays de l'OCDE s'élevaient à 2 580 millions de barils, ce qui correspond soit à quatre-vingt-quatorze jours d'imports, soit à cinquante-trois jours de consommation suivant la méthode de calcul employée. Dans les deux cas, ce sont des niveaux parmi les plus faibles depuis dix ans.

Les pays émergents sont généralement moins bien lotis : l'Inde et la Chine n'ont pas de réserves stratégiques et sont donc particulièrement vulnérables en cas d'accident ou d'attentat touchant à leurs approvisionnements. Enfin, lorsque l'on parle de réserves stratégiques, il ne s'agit que de celles prévues à des fins civiles, puisque l'armée possède ses capacités propres, généralement dispersées et en partie camouflées.

Les facteurs susceptibles d'influencer offre et demande

Les facteurs conjoncturels d'influence peuvent être schématiquement regroupés en trois catégories. Ceux touchant à la production et susceptibles de la limiter tels les grèves et les attentats, ou de l'augmenter telle la découverte d'un gisement important. Ceux touchant à la consommation qui, par exemple, augmentera en cas d'hiver rigoureux ou diminuera en cas de mise en œuvre d'économies d'énergie. Enfin, ceux liés à la logistique tels qu'un embargo ou des capacités de raffinage trop limitées. Les risques de perturbation des approvisionnements auront tendance à faire augmenter les prix et donc indirectement à faire baisser la consommation.

Le tableau page suivante présente une liste, non exhaustive, d'éléments et de facteurs susceptibles de jouer sur l'offre, la demande et parfois les prix du pétrole exacerbés par le climat tendu de « pré-pic ». Parmi ces événements on retrouve ceux qui se sont déroulés en 2004.

Il ne s'agit généralement pas de faits nouveaux et ils ne sont pas plus nombreux depuis 2004 qu'auparavant ; ils prennent simplement une importance particulière. Tant que nous n'avons pas conscience du contexte pétrolier nouveau dans lequel nous sommes, ces éléments peuvent nous être présentés comme purement conjoncturels.

Une baisse des prix, sur une courte période, dans les années à venir n'est pas impossible, même si la demande demeure forte. Il peut arriver qu'un certain nombre de gisements nouveaux soient mis en production au même moment, créant une situation temporaire de relative surproduction. C'est une des raisons qui rendent la prévision des prix si difficile. Les études officielles sur les prix à venir se révèlent généralement fausses et sont régies par des modes[93]. Ainsi dans les années 1980, après les deux chocs pétroliers, la tendance envisagée était haussière, puis, à partir de 1995, elle passa à une relative stabilité et à la baisse à partir de 2002. Aujourd'hui, à l'approche du pic, il semble que les prix bas soient derrière nous et que la fin de la période de surproduction se traduise par une tendance haussière.

Des perturbations provoquées par le gaz naturel

Les baisses de production localisées sur le marché du gaz naturel, que l'on attend dans un avenir proche, auront certainement des répercussions sur celle du pétrole. Les installations de chauffage et de production d'électricité

Figure 5.2 : Facteurs susceptibles d'influencer l'offre, la demande et la logistique pétrolière.

Facteurs influençant la production
Intempéries (cyclone, tempêtes, tremblements de terre...)
Grèves (Norvège, Nigeria...)
Instabilité politique (guerre en Irak, guérilla au Nigeria, attentats, destitution possible du président Chavez...)
Accidents (incendie de plate-forme pétrolière...)
Ouverture de zones interdites à la production (Antarctique, Alaska)
Renchérissement des coûts d'investissements en exploration et production
Découverte de nouveaux gisements importants
Découverte révolutionnaire en technologie pétrolière
Facteurs influençant la consommation
Prix du pétrole
Hiver rude
Bonne santé ou boom économique
Pénuries de gaz naturel
Crise économique, ralentissement de l'activité
Canicule dans les pays développés
Maladies et crises locales : SRAS, grippe aviaire (moins de transports en avion)
Taxes sur les carburants
Instabilité politique des pays consommateurs (destruction de demande)
Économies d'énergie
Changements de comportement (temporaire en cas de crise ou durable)
Diversification énergétique (éoliennes...)
Attentat et climat délétère (destruction de demande, moins de voyages en avion)
Forte incertitude sur les prix (ce qui repousse les investissements de consommation)
Facteurs de perturbation de la logistique
Embargo par les pays producteurs
Attentats ciblés sur les installations pétrolières
Manque de bateaux (ou de terminaux LNG)
Faible niveau de remplissage des réserves stratégiques
Capacité de raffinage trop limitée
Risque de faillite de compagnie pétrolière (Youkos en Russie)
Blocus par les routiers ou les pêcheurs
Naufrage et marée noire

au gaz naturel peuvent être modifiées pour fonctionner avec des produits pétroliers ou avec du charbon. Ces transformations, plus aisées et plus rapides vers le pétrole que vers le charbon, devraient provoquer des tensions sur le marché de l'énergie car la production et la distribution du gaz présentent quelques spécificités rendant possibles des baisses de production inopinées et très localisées.

Contrairement au pétrole, le gaz n'est pas aisé à manipuler et à transporter. On estime que 8 % du gaz naturel produit dans le monde est perdu ou éventé[94] (fuites, accidents...). Ses coûts de transport sont au bas mot cinq fois plus élevés que ceux du pétrole et atteignent de 5 à 10 dollars pour l'équivalent d'un baril. L'utilisation de gazoducs se fait surtout sur de courtes distances et le transport par bateau nécessite des installations coûteuses et complexes. [Voir « Le difficile transport du gaz naturel », p. 116.] Ces contraintes techniques concourent à organiser le marché du gaz par continents alors que, par comparaison, il n'y a qu'un seul marché physique mondial du pétrole. Les principaux marchés du gaz sont au nombre de trois : l'Amérique du Nord (approvisionnée par le Canada et les États-Unis), l'Europe (avec comme fournisseurs la Norvège, les Pays-Bas, la Russie et l'Algérie), l'Asie-Pacifique (alimentée par l'Indonésie, la Malaisie et Brunei). Enfin, un quatrième marché est en train d'émerger en Amérique du Sud[95].

Le pic mondial de production de gaz naturel devrait se situer vers 2030[d], soit quinze ans seulement après celui du pétrole, mais des disparités régionales fortes sont à attendre. Les chiffres des réserves sont très imprécis. On retrouve le même phénomène de données politiques et de données techniques que pour le pétrole, mais les informations confidentielles fournies par les *scouts* présentent de grandes différences[96], confirmant le manque de fiabilité des données gazières. On peut donc s'attendre à des surprises, éventuellement mauvaises. Si les gisements de gaz naturel ont pour particularité de présenter de bons taux de récupération, de l'ordre de 80 %, leur déclin en fin de vie est, en revanche, particulièrement abrupt et souvent difficile à prévoir. La Nouvelle-Zélande, perdue au milieu du Pacifique, devrait être parmi les premiers pays à connaître des ruptures d'approvisionnement d'ici quelques années seulement[97]. Il est fort probable que la production de l'Amérique du Nord, qui décline pour l'instant lentement, chute de manière

d. Selon l'estimation de Jean Laherrère. Les réserves ultimes sont de 12 000 Tcf (Tcf signifie *tetra cubic feet*, soit 1 000 milliards de pieds au cube), dont 2 000 Tcf de gaz non conventionnel. Le pic des découvertes se situe au début des années 1970.

abrupte, à une date difficile à déterminer mais qui pourrait se situer avant 2010. En Europe, la production intérieure a déjà atteint son plafond et devrait décliner lentement d'ici à cinq ans. Nous serons alors très dépendants des importations russes et nord-africaines.

L'OPEP possède les plus grandes réserves au monde dont le déclin est à prévoir pour 2030-2040, mais la difficulté consistera alors à acheminer le gaz vers les zones de consommation. Le développement du transport maritime, qui nécessite de lourds et longs investissements, va conduire à une concurrence nouvelle entre les différents pays industrialisés, entre les États-Unis et l'Europe notamment.

Le difficile transport du gaz naturel

Le gaz naturel présente une densité énergétique faible, d'importants volumes sont donc nécessaires en comparaison avec les hydrocarbures liquides. Il peut se transporter par gazoduc (80 % des échanges commerciaux) ou bien par bateau (20 %). Mais les gazoducs sont généralement limités à de courtes distances. Jusque dans les années 1970, le gaz naturel était la plupart du temps brûlé directement à la sortie du gisement car trop compliqué à stocker et à transporter. Cette pratique est désormais révolue, il est plutôt employé sur place pour alimenter les installations de production.

Le transport de gaz naturel par navire spécial dans d'immenses réservoirs sous pression est techniquement maîtrisé depuis les années 1960. Ces navires, appelés méthaniers, ont bénéficié d'importantes améliorations. Lorsque le gaz naturel est refroidi à – 165 °C, il se liquéfie et occupe un volume 587 fois moindre. On parlera de GNL pour « gaz naturel liquéfié ». Mais les opérations de refroidissement et de regazéification à chaque extrémité de la chaîne sont consommatrices d'énergie et nécessitent des installations complexes et très coûteuses. Le transport par méthanier GNL est quatre à cinq fois plus cher que le transport de la même quantité d'énergie sous forme de pétrole liquide[98]. Les usines, à chaque bout de la chaîne, posent d'importants problèmes de sécurité. L'explosion de l'usine GNL de Skikda en Algérie en janvier 2004 a amené les États-Unis à ralentir les implantations d'usines de regazéification GNL sur leur sol[99] malgré leurs importants besoins en gaz naturel. En effet, l'idée de voir arriver des navires transportant des bombonnes de gaz géantes dans les ports des États-Unis a provoqué le rejet de nombreux projets. Chacun convient que ces installations sont indispensables, mais personne ne les veut dans son État.

Malgré cela, le transport par méthanier est en plein essor : il a augmenté de 6 % par an ces dix dernières années et de 11 % en 2003. C'est le seul moyen de pallier le tarissement des gisements locaux.

Les scénarios de passage du pic

On distingue sept scénarios qui peuvent être regroupés en trois groupes : dans le premier, le prix est le principal régulateur entre offre et demande ; le deuxième envisage une action directe sur la demande afin de la faire baisser ; le troisième scénario consiste à employer la force pour s'emparer des ressources pétrolières.

Le premier groupe de scénarios utilise le prix du pétrole comme régulateur entre offre et demande, ce qui correspond à la situation actuelle. Il n'est pas envisageable de tenir compte de tous les paramètres qui régissent le prix du brut, d'autant plus que nous sommes parfois proches de l'« effet papillon », bien connu en météorologie, qui veut qu'un battement d'ailes puisse déclencher un cyclone à l'autre bout du monde. Par exemple, des troubles politiques à Abuja au Nigeria font monter les cours du baril à New York.

Il est néanmoins possible de dégager des tendances générales, regroupées dans les quatre scénarios suivants.

Le choc brutal. En réussissant à éviter les écueils de la récession économique d'un côté et celui consistant à se heurter au plafond de production pétrolière de l'autre, nous arrivons à un moment proche de 2015 où il n'est plus possible d'augmenter la production. Confrontés brutalement à cette réalité, les cours s'envolent, sont multipliés par quatre en quelques mois et provoquent un effondrement de la production par destruction de demande. Il s'agit d'un scénario du type du choc de 1973, peu probable compte tenu de l'effet d'anticipation. Même dans le cas où les médias de masse ignorent totalement le sujet de la déplétion, les spéculateurs, sachant que les prix vont fortement augmenter, se positionneraient très tôt sur ce futur marché prometteur. C'est actuellement un phénomène que l'on observe, nous conduisant vers le deuxième scénario.

Le choc progressif. Les prix augmentent petit à petit et régulièrement d'environ 5 à 15 dollars par an. Sous l'effet de ces hausses de prix, la consommation augmente de moins en moins vite et épouse les capacités de production réelles. Les pays développés réussissent à payer la facture croissante, mais pas les pays pauvres, qui soit voient leur niveau d'endettement s'envoler, soit se privent de pétrole. Les pays producteurs de leur côté entrent dans une période d'activité florissante alimentée par l'afflux de capitaux. Ce scénario nécessite un ajustement subtil des prix du baril pour naviguer entre le Charybde de la crise économique et le Scylla du plafond de production. Or le mode de fixation des prix, un marché coté en continu, est bien trop irrationnel pour ne pas tomber dans un excès d'optimisme ou de pessimisme. Excès que pourrait corriger le scénario suivant.

La transition négociée. Dans ce cas de figure, les prix ne sont plus soumis à cotation mais négociés entre pays exportateurs et importateurs conformément aux capacités de production réelles. Cette solution nécessite une meilleure visibilité sur le potentiel de production ; or justement, l'initiative de l'AIE, qui souhaite plus de transparence dans les données pétrolières, va dans ce sens. De plus, cette initiative a été appuyée par les chefs d'État présents lors du G8 de Washington en octobre 2004. Cela ne signifie pas pour autant des prix bas mais au contraire un rapport de forces continuel entre l'OPEP et les pays consommateurs. Une variante consiste simplement à voir les prix fixés par les pays exportateurs, comme avant les années 1980. Il s'agit simplement de se donner les bons outils pour stabiliser les prix.

Le « plateau ondulé ». Compte tenu des difficultés à stabiliser à la fois l'économie mondiale et les prix du pétrole, ce scénario considère que ceux-ci vont osciller, se heurtant successivement au plafond de production et aux dépressions économiques.

Figure 5.3 : Profil de production mondiale possible conforme au modèle de simulation de Jean Laherrère.

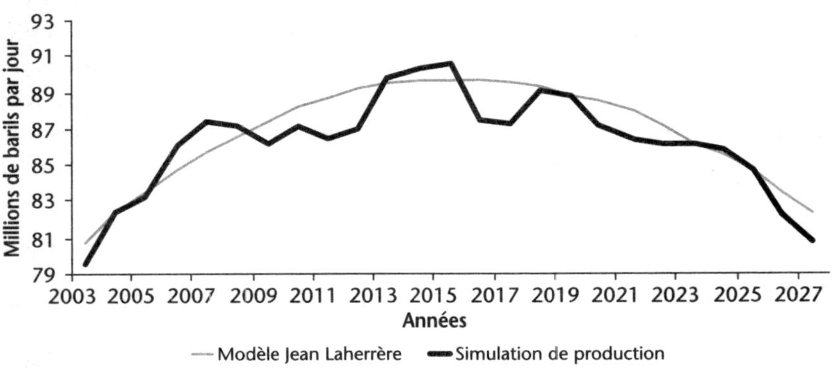

La figure ci-dessus est simplement destinée à illustrer une production en « plateau ondulé ». Notons qu'il est impossible de déterminer son tracé exact. La forme en « plateau ondulé » est la thèse que défend Jean Laherrère (qui ne se risque cependant pas à tracer de profil et ne fait aucune prévision sur le mode de régulation entre offre et demande). Suivant le tracé présenté sur la figure 5.3, il pourrait y avoir un premier choc pétrolier en 2007, suivi d'un deuxième en 2015 puis, éventuellement, un autre tous les cinq ans environ. Ce scénario est sans doute le plus probable si l'on considère qu'aucune mesure volontaire n'est prise.

Le deuxième groupe contient deux scénarios selon lesquels les pays consommateurs sont déterminés à faire baisser la demande de pétrole. Bien que ces derniers soient, pour l'instant, relativement passifs face à la déplétion et donc aux économies d'énergie.

Économies d'énergie. Ce scénario consiste à lancer un plan d'économies d'énergie suffisamment vigoureux pour réussir à limiter la consommation au même rythme que la baisse de production. Ce sera évidemment très difficile compte tenu du temps réduit nous séparant du pic. Un préalable est sans doute la diffusion auprès du grand public d'information sur la situation exacte, car ce sont les consommateurs d'énergie qui devront mettre en œuvre ces économies. Cependant, afin que de telles mesures soient réellement efficaces et permettent d'éviter de se heurter au plafond de la production de pétrole, une coordination internationale est à envisager. En effet, l'impact de mesures mises en œuvre dans un seul pays serait négligeable. Appliquer pleinement le protocole de Kyoto, par exemple, serait un premier pas dans la bonne direction, mais on ne peut pas dire que ce plan déchaîne l'enthousiasme chez nos gouvernants. Cependant, il ne s'agirait pas tant de respecter l'environnement que de préserver l'économie – la motivation en sera peut-être plus grande.

Le protocole de Rimini. Colin Campbell propose une démarche soutenue par quelques personnalités, dont l'ancien président russe Mikhaïl Gorbatchev. C'est la ville de Rimini en Italie qui a donné son nom à ce protocole. Il consiste à ce que pays producteurs et consommateurs s'entendent sur un taux de déplétion à respecter (de l'ordre de – 2 % par an). Les pays producteurs s'engagent à ne pas produire plus que de droit, tout comme les pays consommateurs, qui s'engagent à ne pas importer plus que ce que l'accord prévoit. Charge à ces derniers de s'organiser pour vivre avec un peu moins de pétrole tous les ans. Évidemment les problèmes pratiques sont innombrables, il faut que chacun fasse preuve de bonne volonté et que les données pétrolières présentent suffisamment de transparence.

Ces deux derniers scénarios (économies d'énergie et protocole de Rimini) présentent un intérêt financier considérable pour les pays importateurs car, si l'on admet que les prix du pétrole restent fixés par le marché, cela permettrait de les maintenir relativement bas puisque la demande ne serait pas supérieure à l'offre. Sans mesure de limitation de la demande, les flux monétaires vers les pays producteurs seraient considérables – dans les années 1970 on parlait de « pétrodollars ». Ces deux scénarios paraissent, malheureusement, bien moins réalistes que le suivant.

Appropriation par la force. Certains pays importateurs envahissent les pays exportateurs pour s'accaparer leur production... Pour le moment, l'invasion irakienne n'est qu'une forme indirecte de ce procédé puisque la production du pays occupé alimente toujours le marché mondial. Des zones d'ombre subsistent néanmoins lorsqu'il s'agit de savoir précisément à qui bénéficient les retombées financières de ces ventes[100].

Ces sept scénarios ne s'excluent pas les uns les autres, il est probable qu'un certain nombre d'entre eux se combinent ou se succèdent. On peut imaginer que le prix serve de régulateur et que l'on s'achemine vers un choc progressif qui dégénère en choc brutal forçant pays importateurs et exportateurs à se mettre autour d'une table pour aller vers une transition négociée. Dans tous les cas, d'importantes mesures d'économies d'énergie seront indispensables.

Des cow-boys au Moyen-Orient

George W. Bush, très intéressé par les affaires pétrolières, avait connaissance dès son installation à la Maison-Blanche[e] de l'arrivée proche du pic mondial de production. Ce fut une préoccupation importante de son administration car la déplétion qui s'annonce va modifier le paysage pétrolier, au point de risquer de le rendre défavorable aux Américains. Si les raisons de l'invasion de l'Irak sont multiples, elles sont fortement liées à l'or noir et à sa monnaie d'échange, le billet vert.

Partis les premiers dans l'aventure industrielle du pétrole, les États-Unis et leurs compagnies pétrolières ont naturellement bénéficié d'une avance historique dans les domaines techniques, financiers et commerciaux. Leur poids actuel dans le secteur pétrolier tient à la fois de cet héritage et de leur position de premier pays importateur au monde. Car, en situation de

e. Matthew Simmons, président d'une banque d'affaires spécialisée dans l'énergie, l'a confirmé à la conférence de l'ASPO à Paris le 26 mai 2003. Il a été l'un des conseillers en charge de l'énergie du vice-président Dick Cheney en 2001 et participe régulièrement aux conférences de l'ASPO.

surproduction, le client est roi et a le choix de ses fournisseurs. Mais, en cas de sous-production, provoquée par la déplétion, ce statut privilégié disparaît. Le plus grand risque pour les États-Unis est certainement de voir la position du dollar, monnaie de référence, fortement affaiblie dans les échanges internationaux.

Très opportuniste, Washington a profité de sa suprématie militaire pour mettre un pied dans le golfe Persique et peser lourdement sur l'avenir pétrolier mondial. En envahissant l'Irak, les États-Unis jouissent d'une position stratégique au cœur de cette région, permettant le contrôle de deux de ses voisins : l'Arabie saoudite et l'Iran.

L'Irak de Saddam Hussein avait choisi de vendre son pétrole en euros depuis le 1er novembre 2000. Pour Washington, la généralisation de cette pratique commerciale aux autres pays de la région est un risque important d'affaiblissement du dollar, car les échanges commerciaux du Moyen-Orient avec l'Europe sont plus importants que ceux réalisés avec les États-Unis. La logique veut qu'un jour le billet vert soit délaissé au profit de l'euro. Grâce à son statut de monnaie internationale, les États-Unis peuvent émettre des billets verts sans que cela entraîne de baisse de cette devise puisque celle-ci est principalement utilisée hors du pays – plus de la moitié du commerce international étant libellé en dollars [101]. Une possibilité que seul le billet vert est en mesure d'offrir et dont Washington use et abuse. Si progressivement le dollar perd son statut privilégié et que les devises rentrent aux États-Unis, c'est un effondrement assuré du dollar mais aussi probablement de l'économie américaine, compte tenu de l'important déficit commercial des États-Unis et de leur dette extérieure.

Pour faire pression sur le Conseil de sécurité de l'ONU afin que celui-ci l'autorise à utiliser l'euro, Saddam Hussein avait en l'an 2000 menacé de suspendre la production de pétrole irakien. Menace sans grand effet à l'époque, mais qui, réitérée quelques années plus tard, aurait certainement provoqué un choc pétrolier, offrant ainsi au dictateur un moyen de pression considérable sur la communauté internationale. Or les sujets de désaccord entre Bagdad et Washington ne manquaient pas, à commencer par le conflit israélo-palestinien. Les États-Unis lui ont donc coupé l'herbe sous le pied. Ils ont aussi envoyé un signal fort aux pays qui pourraient être tentés de le suivre dans l'utilisation de l'euro. Saddam possédait donc bien une arme de destruction massive... du dollar. Celle-ci allait être opérationnelle à partir de 2004-2005.

Les dangers que représentent les projets de l'Iran expliquent que Washington ait placé ce pays sur l'« axe du mal ». En 1999, il a envisagé de passer à un règlement en euros de son pétrole, pour finalement faire marche arrière, mais qui sait pour combien de temps ? En 2004, ce pays a discrètement avancé son projet d'ouverture d'un marché de cotation du pétrole à Téhéran[102]. Dubaï a tenté, il y a quelques années, d'ouvrir un tel marché, mais ce fut un échec, faute d'acheteurs. Lorsque le pétrole sera rare, les pays producteurs importants seront en mesure d'imposer leur loi. Si les pays de l'OPEP veulent créer une telle place, il leur suffit de faire monter les prix sur les marchés en cotation continue actuels puis de proposer leur production à un prix légèrement inférieur sur leur propre marché. L'OPEP pourrait décider de vendre exclusivement son brut sur le *Teheran Exchange*, détrônant ainsi les places de Londres et New York. Autre projet qui irrite Washington : les contrats captifs, c'est-à-dire passés directement entre pays producteur et consommateur. Par exemple, le Japon et l'Iran ont signé en 2004 un contrat concernant le développement d'un nouveau gisement avec une livraison de 150 000 barils par jour réservés sur une durée de douze ans et demi[103]. Ce type de contrats, en se généralisant, pourraient soustraire une partie importante de la production aux marchés de cotation, affaiblissant encore les places de Londres et New York.

L'Arabie saoudite présente un risque potentiel d'explosion politique. Le roi Fahd est impotent[104] depuis son attaque cardiaque de 1995. À quatre-vingts ans, il est maintenu en vie tant bien que mal, faute de consensus sur sa succession. La famille royale s'accroît à une vitesse vertigineuse et compte désormais 30 000 membres qui vivent dans l'opulence et ponctionnent considérablement les finances du pays, qui proviennent à 85 % du pétrole. La situation économique de l'Arabie saoudite se dégrade. En vingt ans, le revenu par habitant a été divisé par plus de quatre. Le taux de chômage est de 25 % et la démographie galopante. La succession pourrait se faire dans un climat instable. Les États-Unis entendent bien s'assurer que le nouveau roi ne leur sera pas hostile et qu'il libellera bien les factures de son pétrole en dollars. Dans la lutte pour la succession, qui va s'engager tôt ou tard, il est également possible qu'un des nombreux princes candidats fasse appel aux États-Unis pour l'aider à accéder au trône et à rétablir l'ordre dans le pays.

Comme au moment du choc pétrolier de 1973, les États-Unis ont le souci de maintenir une avance sur les pays industrialisés concurrents. Cela leur a donné une raison de plus pour intervenir dans le Golfe car l'Europe, le Japon et la Chine sont très dépendants du pétrole en provenance du Moyen-Orient, et le seront de plus en plus à l'avenir.

S'ils avaient été accueillis en héros libérateurs par les Irakiens et s'ils ne rencontraient pas de difficultés croissantes sur le terrain, cette guerre aurait été une excellente opération stratégique pour les États-Unis. La situation dans le Golfe, notamment sur le plan militaire, va peser sur le déroulement des années qui nous séparent du pic de production mondial. Dans cette situation nouvelle, le moindre événement peut déclencher un choc pétrolier, choc que certains vont vouloir provoquer le moment venu. On pense immédiatement à un terroriste international organisant, par exemple, une attaque simultanée sur des installations pétrolières du golfe Persique et coulant un tanker dans le canal de Suez. Il ne s'agira alors que d'un grain de sable déclencheur jouant sur des facteurs psychologiques. Il faut dire que, en ayant généralisé les systèmes de cotation en continu des transactions pétrolières, mais aussi boursières, les pays industrialisés permettent à ce type d'action terroriste d'atteindre son but.

La perte d'influence du dollar que veulent éviter les États-Unis est bien réelle, puisque les avoirs des pays du Golfe, gonflés par les hausses récentes du baril depuis la mi-2004, ont plus profité à l'Europe et au Japon qu'aux États-Unis[105] ; il ne s'agit cependant pas d'un transfert massif. Il semble par ailleurs que l'OPEP ne détermine plus le niveau de ses prix tout à fait en dollars, bien que ce soit toujours la monnaie effectivement utilisée pour les transactions, mais dans une unité fictive composée à moitié d'euros et à moitié de dollars[106]. Les « pétrodollars » des premiers chocs pétroliers pourraient, en 2010, devenir des « pétro-euros ». À l'avenir, dans un contexte où ce ne sont plus les clients mais les fournisseurs qui maîtrisent le commerce du pétrole, n'est-il pas logique que ces derniers choisissent la devise de leurs transactions, imposent leurs conditions commerciales et disposent de places de marché chez eux et non dans les pays des clients comme c'est le cas actuellement ?

Les États-Unis sont un pays puissant, économiquement et militairement, mais employer la force peut aussi être un aveu de faiblesse, l'avenir nous le dira. En réaction à la déplétion future, George W. Bush a choisi de continuer à creuser un déficit déjà important, plutôt que d'essayer de rééquilibrer la situation, de contrôler la production de pétrole plutôt que de faire des économies d'énergie. Une réaction qui semble manquer d'humilité face à l'importance de l'événement qui s'annonce.

Seconde partie
Vers un recul de la mondialisation ?

Chapitre 6
Une nouvelle révolution énergétique

« Un amour, une carrière,
une révolution : autant d'entreprises
que l'on commence en ignorant leur issue. »
Jean-Paul Sartre

L'inéluctable baisse de la production de pétrole sera une première dans l'histoire de l'humanité. Existe-t-il des événements passés comparables ? Une adaptation forte de nos sociétés va s'imposer, mais quelle sera sa nature ?

Le processus d'adaptation a en réalité commencé à l'issue du premier choc pétrolier, il y a plus de trente ans. Il donne un avant-goût de ce qu'il sera progressivement nécessaire d'accomplir à l'avenir, car les transitions énergétiques s'envisagent toujours sur le long terme.

La révolution énergétique à venir va probablement s'opérer de la même manière que la révolution industrielle. Nous allons buter sur les limites des ressources pétrolières, tout comme nos ancêtres du Moyen Âge ont buté sur les limites des ressources naturelles forestières.

La révolution industrielle, qui symbolise le passage d'un système énergétique à un autre, n'est pas uniquement le fait de la découverte du charbon et de l'invention de la machine à vapeur. Elle s'inscrit dans un processus long fait de mutations sociales et de contraintes des ressources naturelles. La surconsommation et la surexploitation du bois par l'homme ont été déclencheurs d'une réaction en chaîne.

Le Moyen Âge dans une impasse énergétique

Au cours de l'histoire, les sociétés ont toujours utilisé simultanément plusieurs sources d'énergie. La part respective de chacune d'elles évolue lentement, au gré soit des améliorations techniques ou des pénuries, soit des mutations sociales ou des migrations. Lorsque le système énergétique est soumis à de trop fortes contraintes, une mutation s'opère. La dernière transition énergétique majeure que nous ayons vécue est celle de la révolution industrielle qui a eu lieu en Europe à la fin du XVIIIe siècle. Si le terme de révolution donne une impression de soudaineté, cette révolution s'est en réalité insérée dans un processus long trouvant ses racines plusieurs siècles auparavant.

Le système énergétique médiéval était constitué exclusivement d'énergies renouvelables. La filière agricole était très consommatrice d'énergie mécanique humaine et animale, mais aussi éolienne et hydraulique avec l'utilisation de moulins à vent et à eau pour moudre le grain. Le bois était largement utilisé pour le chauffage et la cuisson des aliments, tandis qu'un de ses sous-produits directs, le charbon de bois, alimentait les forges permettant à une véritable proto-industrie[107] de se développer. Cette dernière utilisait l'énergie calorique fournie par le charbon de bois et la force motrice délivrée par les moulins à eau, servant, par exemple, à tanner les peaux, à fouler le drap, à animer le soufflet des forges et même à actionner des scies[108]. L'élaboration de ce savoir-faire permit la mise au point de la machinerie utilisée au début de la révolution industrielle. Les transports utilisaient, à terre, la traction animale à base de bœufs d'abord, de chevaux ensuite. Les navires à voiles, dont la technique se perfectionnait, permirent alors d'envisager de longs trajets : ils constituaient une utilisation très efficace de l'énergie éolienne.

La hausse de la demande en énergie conduisit à un « choc forestier », c'est-à-dire une forte augmentation du prix du bois. Les terres arables se partageaient entre surfaces agricoles et surfaces boisées. La poussée démographique créa une augmentation des besoins à la fois en produits agricoles et en bois de cuisson et de chauffage. De plus, le bois était un matériau très utilisé pour la construction de navires, mais aussi de charpentes de bâtiments. L'industrie naissante contribua, elle aussi, à augmenter les besoins. Les forges et la métallurgie consommaient toujours plus de charbon de bois et celui-ci dut être exploité de plus en plus loin, donc transporté sur de plus longues distances. Or la logistique, basée sur la traction animale, consommait une part non négligeable du produit agricole. Les vives tensions sur le marché du bois provoquèrent une flambée des prix et des troubles sociaux réguliers. Les surfaces destinées aux forêts et à l'agriculture arrivaient à saturation. En France, la première mesure de protection du domaine forestier connue date de 1346 : par ordonnance, le roi n'accordait plus aucun droit d'usage nouveau pour la forêt [109]. Cela n'empêcha pas de véritables insurrections d'éclater contre les maîtres de forges car les nouvelles techniques métallurgiques engloutissaient toujours plus de charbon de bois, puisque des soufflets mus par la force hydraulique attisaient désormais les fourneaux.

Face aux limites du système énergétique médiéval, trois voies furent explorées. Premièrement, l'amélioration du rendement des filières traditionnelles existantes, ce qui eut lieu progressivement et continuellement avec une accélération du XIIIe au XVIIe siècle. Deuxièmement, la création de nouvelles filières avec le charbon puis la machine à vapeur. La troisième voie consista à prélever des ressources à l'extérieur du royaume et donc à conquérir de nouveaux territoires, ce que les puissances européennes réalisèrent par le commerce maritime, la colonisation des Amériques et l'esclavage, notamment en Afrique.

Les premiers pas du charbon

La hausse du prix du bois rendit compétitive une source d'énergie alternative : le charbon. Au Moyen Âge, la filière de ce qui était appelé, par opposition au charbon de bois, « charbon de terre [110] » était connue depuis fort longtemps. Ce charbon était peu apprécié à cause de son odeur désagréable et de la fumée noirâtre qui se dégageait lors de sa combustion. Il était aussi accusé de nombreux autres maux, par exemple d'empoisonner l'air et les poumons [111]. Les pénuries de bois au Moyen Âge n'épargnèrent aucun pays en Europe ; l'Angleterre de la fin du XVIe siècle est marquée par une surexploitation des forêts, qui s'apparentait à un déstockage massif et systématique [112] entraînant des hausses importantes du prix du bois. C'est ce qui conduisit certaines industries, telles que verreries et brasseries, à se résigner à utiliser du charbon de terre. Son usage se généralisa ensuite comme combustible pour le chauffage domestique grâce à son faible coût. En effet, les mines de charbon anglaises présentaient l'avantage considérable d'être proches de la mer ou de cours d'eau et donc facilement accessibles par bateau. Ce que l'on appelait le « *seacoal* [113] » fut à l'origine d'un intense trafic de cabotage qui se prolongeait par la remontée de certains fleuves. De plus, la différence croissante de prix entre bois et charbon servit d'incitateur puissant en faveur du charbon. Selon le combustible entrant dans sa composition, un même produit était proposé à des prix différents. Phénomène que les progrès techniques de la filière charbon allaient rendre irréversible.

La machine à vapeur n'arriva qu'après la généralisation de l'usage du charbon. Perfectionnée et brevetée par James Watt en 1784, elle permit de produire un mouvement circulaire, remplaçant progressivement les moulins à eau. Il fut désormais possible de produire simplement un mouvement mécanique sans être obligé de se placer le long des cours d'eau ou être dépendant du vent. Mais la transition fut longue ; pendant plus d'un demi-siècle, la principale force motrice resta fournie par l'énergie hydraulique.

L'emploi du charbon n'est donc pas consécutif à une brillante invention, comme on pourrait le penser, mais bien à une exploitation inconsidérée du bois au point de provoquer une situation de crise grave. C'est en se plaçant eux-mêmes dans une impasse énergétique que nos ancêtres furent forcés d'exploiter de nouvelles filières et de passer outre leurs inconvénients. Le charbon de terre n'était pas utilisé car aucune nécessité ne se faisait sentir au regard de ses désagréments. La transition énergétique de la fin du Moyen Âge présente une situation similaire à celle que nous vivons actuellement puisque les énergies alternatives au pétrole présentent toutes des inconvénients, plus ou moins importants, qu'il faudra bien se résoudre à accepter.

Le Moyen Âge dans une impasse sociale

Peu avant la révolution industrielle, une mutation du mode de contrôle des forces de production s'opéra. Car un système énergétique, quel qu'il soit, se définit[a] : d'un point de vue technique par les sources d'énergie employées et les convertisseurs utilisés (moulins, machines à vapeur...), d'un point de vue social par le mode d'appropriation des filières techniques et des surplus dégagés – le contrôle des rouages d'une société s'opérant par le contrôle des principales filières énergétiques. Dans certains cas, un changement de système énergétique peut se faire sans changement technologique.

a. Selon la définition du système énergétique proposée par Jean-Claude Debeir, Jean-Paul Deléage, Daniel Hémery, auteurs de l'ouvrage sur l'histoire de l'énergie *Les Servitudes de la puissance*, Paris, Flammarion, 1986. D'autres auteurs privilégient la dimension technique aux dépens de la dimension sociale.

Le mode de contrôle du système énergétique en place au début du Moyen Âge était particulièrement simple : le seigneur possédait la terre et les serfs qui la cultivaient. Il investissait dans la construction de moulins, mais leur utilisation était obligatoire et soumise à une taxe appelée « banalité ». Son contrôle strict rendit quasiment impossible la réalisation d'accumulations suffisantes pour investir dans des projets concurrents. Seule l'Église était en mesure de le faire, possédant des terres cultivables et des moulins, ce qui affaiblit finalement le monopole seigneurial. Les modes d'organisation étaient parfois originaux. Les moines cisterciens, par exemple, mirent au point des méthodes de gestion de leurs monastères et des techniques de production sophistiquées basées sur la force hydraulique. Leur objectif était de dégager du temps libre, grâce à la mécanisation des tâches répétitives, afin de le consacrer aux activités nobles (prières, méditation, enluminures...).

Le joug seigneurial était difficilement supportable et l'émancipation se fit selon un processus complexe et généralement conflictuel. La concurrence des monastères introduisait une brèche dans le contrôle féodal, d'autant plus que l'Église faisait souvent preuve de plus de souplesse que le seigneur quant à l'utilisation de ses installations. Les moulins à vent, qui constituaient une autre brèche, furent au centre d'un vif débat : le sol, les forêts, les cours d'eau et leurs moulins sont propriétés foncières du seigneur, mais qu'en est-il du vent ? Progressivement, la frange la plus aisée de la population, notamment les artisans, les commerçants et les bourgeois, put acquérir grâce aux moulins une autonomie énergétique sur un mode capitalistique. Phénomène très actif dans les villes foisonnantes où la demande était forte et le nombre de sites pour les moulins à eau et à vent limité. Mais cette limite physique n'allait pas tarder à constituer un frein à l'expansion de ces classes sociales montantes.

La révolution industrielle débuta en Angleterre, vers la fin du XVIIIe siècle. L'expansion des filatures de coton se fit dans de petites fabriques alimentées par des moulins hydrauliques. Les investissements importants réalisés dans les capacités de production entraînèrent la multiplication des machines à vapeur et permirent une production de masse. Celle-ci fut stimulée par la demande intérieure, mais aussi extérieure en provenance de l'ensemble de l'empire colonial anglais[114]. Mais le commerce implique toujours un déplacement de marchandises, qu'il s'agisse du marché aux légumes ou des échanges transatlantiques, déplacement qui nécessite de grandes quantités d'énergie. Or le navire à voiles est une des meilleures utilisations de l'énergie éolienne qui soit, son bilan énergétique est excellent, au point que 1 000 lieues sur mer coûtaient moins cher que 10 lieues de traction animale sur terre[115]. Les Anglais tirèrent parti de leur flotte, dont la capacité s'accrut rapidement, en assurant une part importante des échanges internationaux.

La révolution industrielle, pur produit du système énergétique anglais

Le développement des manufactures et des filatures renforça la tendance à l'accumulation capitalistique et à sa rentabilisation. Le principe capitaliste se structura et se développa avant même l'arrivée de la machine à vapeur. La diffusion de cette dernière n'eut pas pour but d'alléger le travail des tisserands, comme pour les moines cisterciens, mais bien de permettre de produire plus, plus vite et moins cher. C'est bien la manufacture qui rend possible la machine à vapeur, et non l'inverse. Le développement de l'industrialisation et des mines de charbon renforça la mise en place d'un système social nouveau, conduisant à la domination de la classe ouvrière, soumise à de pénibles conditions de travail.

La sortie de la crise énergétique du Moyen Âge ne fut pas uniforme en Europe. Aucune voie n'était tracée d'avance, pas plus qu'en ce début de XXIe siècle. Chaque pays possédait ses spécificités, ses contraintes et ses rapports de forces internes. C'est en Angleterre qu'une dynamique se mit en place et déboucha sur la révolution industrielle, un phénomène porteur de sa propre dynamique qui se propagea lentement en Europe puis dans le monde entier. Une série de facteurs expliquent les raisons de l'origine anglaise du phénomène et surtout le maintien d'une avance pendant un demi-siècle. Les raisons habituellement avancées n'expliquent pas pourquoi, alors que les idées circulaient vite dans l'Europe du XVIIIe siècle, il fallut un bon demi-siècle pour voir les pays continentaux, notamment ceux qui disposaient de charbon, adopter son modèle. Car l'Angleterre ne possédait ni avance technologique ou scientifique écrasante ni aptitude supérieure à l'innovation. Elle partageait sa confession religieuse protestante, parfois citée comme un facteur favorable, avec d'autres régions d'Europe telle la Hollande[116].

Si le système énergétique de la révolution industrielle européenne fut exclusivement anglais[117], c'est parce que l'Angleterre était le seul pays à détenir tous les atouts nécessaires. La France et l'Allemagne possédaient bien des mines dont l'exploitation était rentable, mais la difficulté et le coût élevé du convoyage terrestre du charbon entravaient le développement industriel. Se rapprocher des mines pour produire posait le problème du transport des biens manufacturés, se déplacer vers les lieux de consommation posait celui du convoyage du charbon. L'Italie, de son côté, possédait bien du charbon, notamment dans le nord du pays, ainsi que des manufactures textiles, puisqu'elles servirent de modèle aux manufactures anglaises. Mais ce furent les débouchés commerciaux qui lui firent défaut, limités par une Venise en déclin. L'Angleterre possédait à la fois du charbon facile à transporter par bateau (le moyen de transport offrant le meilleur rendement) et les débouchés commerciaux grâce à ses colonies et au vaste empire britannique. La France et l'Allemagne ne rattrapèrent leur retard qu'avec l'arrivée du chemin de fer qui permit de faire baisser les coûts de convoyage. La première ligne française (Lyon-Saint-Étienne), ouverte en 1830, était destinée à l'évacuation du charbon[118]. Mais les pays continentaux conservèrent encore longtemps les filières énergétiques renouvelables, puisqu'en 1848 on estime qu'en France les installations hydrauliques représentaient environ deux fois et demie la puissance des machines à vapeur[119]. L'Angleterre, grâce à son avance, put constituer un vaste réseau charbonnier mondial pour ses navires à vapeur. Réseau qui servit de précurseur à celui du pétrole lampant, aux États-Unis et avec Rockefeller à sa tête cette fois.

On le voit, les raisons du passage d'un système énergétique à un autre sont complexes et les facteurs déterminants varient d'une situation à l'autre. Ces changements sont généralement entraînés par deux grands types de processus[120]. D'un côté ceux pour lesquels le contexte technique et écologique est déterminant, de l'autre ceux pour lesquels c'est le contexte social, économique et politique qui prime. Dans la plupart des cas, c'est un enchaînement de ces deux processus qui provoque la transition.

Les limites du système énergétique actuel

Les transitions énergétiques s'envisagent toujours sur le long terme ; celle qui s'annonce débute avec le premier choc pétrolier en 1973 et s'achèvera, si tant est que l'on puisse lui identifier une fin, bien après 2015.

Notre système énergétique, dans ses deux composantes technique et sociale, repose majoritairement sur des filières à base d'hydrocarbures (le pétrole représentant 41 % de l'énergie consommée et le gaz naturel 21 %)

et sur une organisation fondée sur une économie de marché de type capitaliste. Son bon fonctionnement va être principalement limité par deux contraintes ayant des effets très différents. La première sera brutale, il s'agit du manque de ressources naturelles énergétiques disponibles, et particulièrement, dans un avenir proche, de la déplétion du pétrole, suivie, quelques décennies plus tard, de la déplétion du gaz naturel. C'est une contrainte à laquelle nous allons être obligés de nous adapter rapidement. La seconde contrainte présente des risques bien plus graves à long terme mais dont les effets sont beaucoup plus diffus ; il s'agit du dérèglement climatique provoqué par l'activité humaine. Les gaz à effet de serre provoquent un réchauffement de l'atmosphère, le premier d'entre eux étant le gaz carbonique (CO_2) issu de la combustion principalement du pétrole, du gaz et du charbon. Les taux de CO_2 actuels constatés sont supérieurs de 30 % aux taux maximaux constatés ces 400 000 dernières années[121]. [Voir « L'effet de serre ou le dérèglement climatique », p. 135.] On pourrait penser que la déplétion des hydrocarbures va naturellement apporter une solution à ce problème. Mais tout va dépendre de la manière dont sera gérée cette transition. Si un report massif s'opère vers le charbon et le bois, l'effet de serre va encore s'accroître. Or cela est fort probable car ce sont les sources d'énergie les plus faciles à exploiter, pour les pays pauvres notamment.

Pour notre système énergétique, la transition à venir est motivée par des contraintes écologiques et techniques. On pourrait considérer que le mode de contrôle social de l'énergie (l'économie de marché capitaliste) est également une limite. Il est probable que la fin de l'abondance d'hydrocarbures provoque de fortes tensions sociales et le remette en question d'une manière ou d'une autre, mais dans un second temps seulement. Il ne s'agit donc pas, pour l'instant, d'une contrainte du système énergétique à proprement parler mais plutôt d'un facteur aggravant de l'épuisement des ressources naturelles.

Comme à la fin du Moyen Âge, face aux limites de notre système énergétique, trois solutions s'offrent à nous. La première est l'amélioration de l'efficacité énergétique des filières existantes. Ce processus est déjà enclenché, il a débuté avec le premier choc pétrolier mais offre encore un potentiel très intéressant aujourd'hui. La deuxième solution est la création de filières nouvelles. Il s'agira en fait surtout de se reporter sur des filières peu utilisées pour l'instant. La troisième consiste à étendre la zone de prélèvement des ressources. Cette solution offre aujourd'hui un potentiel négligeable puisque l'ensemble des ressources de la planète est déjà mis à contribution dans une économie mondialisée. C'est, là encore, un processus qui s'est accéléré lors du premier choc pétrolier et a entraîné l'exploration de nouveaux espaces tels que la mer du Nord ou les mers profondes. Il ne reste aujourd'hui plus que des « miettes », c'est-à-dire l'Antarctique, pour l'instant interdit à toute activité industrielle, et certaines zones polaires dans l'hémisphère Nord. De plus, ce faible potentiel est pris en compte dans les estimations du pic de production.

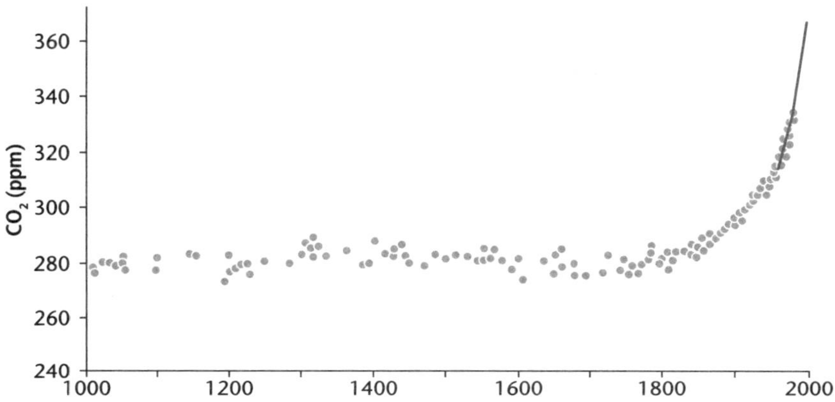

Concentration en gaz carbonique dans l'atmosphère depuis mille ans (source : GIEC 2002).

Sans effet de serre, la température sur Terre serait de – 18 °C. Il ne s'agit donc pas d'un mauvais mécanisme en soi, c'est son excès qui pose problème.

Seule une partie des rayonnements solaires réchauffe la Terre, le reste est renvoyé dans l'espace. Lors de leur traversée de l'atmosphère, si les rayons solaires rencontrent une particule quelconque, ils la réchauffent et celle-ci réchauffe l'atmosphère.

Quelles sont les particules génératrices de l'effet de serre ? La première est la vapeur d'eau et les nuages (responsables de 55 % de l'effet de serre), suivi du CO_2 (39 %) issu de la combustion du pétrole, du gaz naturel, du bois et du charbon, et enfin le méthane (2 %), le protoxyde d'azote (2 %) et l'ozone (2 %). Le graphique ci-dessus montre l'évolution du taux de CO_2. Il est obtenu en analysant les bulles d'air piégées dans les glaces polaires, études qui permettent de remonter jusqu'à – 400 000 ans.

Chapitre 7
Les énergies alternatives au pétrole

« J'ai inventé une lampe de poche
qui fonctionne à l'énergie solaire,
elle n'a qu'un dernier défaut,
elle ne marche qu'en plein soleil. »
Gaston Lagaffe par Franquin

Face à la transition énergétique qui s'annonce, existe-t-il une solution simple à la déplétion du pétrole ? De quelles autres sources d'énergie disposons-nous ? Quels sont leurs avantages et leurs inconvénients ?

Le pétrole et le gaz naturel représentent plus de 60 % de l'énergie utilisée aujourd'hui. Leur déplétion va nécessiter soit de réduire la consommation, soit de se tourner vers d'autres sources d'énergie. Jusqu'à présent, les prix bas du pétrole et la volatilité des prix du baril ont rendu non viables économiquement la plupart des solutions de remplacement. Toutefois les crises pétrolières passées ont encouragé une recherche tous azimuts en matière d'énergie et toutes les sources d'énergie potentielles ont probablement été identifiées, même si nous ne savons pas toujours en tirer parti.

Comme toute source d'énergie, les alternatives au pétrole ont leurs inconvénients auxquels il va falloir s'habituer et s'adapter. Il n'existe pas de remplaçant unique qui attendrait son tour en coulisse. L'avenir énergétique sera pluriel.

L'énergie, une transformation continuelle

L'énergie est indispensable à tout mouvement, à toute action, à toute vie. Elle est transformée d'une forme en une autre pour fournir un service utile.

L'énergie peut prendre plusieurs formes. Elles sont parfois directement utilisables comme la chaleur (chauffage, séchage...), le mouvement (transport, moteur dans l'industrie, ventilation...) et l'énergie électromagnétique (éclairage, télécommunications, radars...). Pour obtenir ces formes dites « finales » d'énergie, il faut partir d'une source d'énergie primaire, c'est-à-dire une forme d'énergie que l'on trouve dans la nature. Parmi celles-ci, certaines sont épuisables (pétrole brut, gaz naturel, charbon, uranium) ; il est aisé de les comparer, on utilisera pour cela une unité de comparaison qui sera généralement l'équivalent pétrole. Les autres formes d'énergie sont renouvelables (solaire, éolien, hydraulique, biomasse, géothermie, marémotrice) ; leur comparaison est plus difficile, on utilise généralement pour cela leur puissance électrique (watts), mais cela ne traduit pas les contraintes importantes d'utilisation souvent liées à leur intermittence.

Toute la problématique en matière d'utilisation d'énergie primaire peut se résumer en la mise en œuvre de filières énergétiques, c'est-à-dire une série de transformations d'une forme d'énergie en une autre pour obtenir la forme d'énergie souhaitée, à l'endroit souhaité et au moment souhaité. Dans le cas des transports, le convertisseur « moteur thermique » permet de transformer de l'énergie chimique (contenue dans le carburant) en énergie mécanique (le mouvement de la voiture). Un convertisseur ne transforme pas toute l'énergie consommée en énergie finale, il y a toujours une perte. Par exemple, le rendement d'un moteur de voiture est de 20 à 25 %. Cela signifie qu'un quart de l'énergie contenue dans le carburant est transformé en énergie mécanique pour mouvoir l'automobile, tandis que le reste se dissipe en chaleur – chaleur qui sera éventuellement récupérée en partie pour chauffer l'habitacle.

Dans une filière, les convertisseurs sont aussi importants, sinon plus, que la source d'énergie. Par exemple, les rayons solaires qui atteignent la terre représentent une quantité d'énergie beaucoup plus importante que les besoins humains actuels, mais il faut savoir transformer cette énergie primaire en électricité, via des capteurs solaires par exemple, puis la transporter jusqu'au lieu de consommation et éventuellement la stocker pour pouvoir l'utiliser au moment souhaité. Mais nous ne savons aujourd'hui récupérer qu'une toute petite partie de l'énergie solaire, de plus à un prix élevé. Or le prix est un élément fondamental du succès d'une filière dans un contexte d'énergie abondante.

Solliciter d'autres filières énergétiques

Le faible prix du pétrole incite très fortement à ne pas faire appel à d'autres filières. En matière d'énergie, l'importance des investissements nécessite de raisonner à long terme. Or si l'on observe les prix du pétrole ces dix dernières années, on constate que le baril varie de 11 dollars en 1998 à 55 dollars en octobre 2004. Cette grande volatilité joue un rôle d'épouvantail. Le prix peut encore monter, et il le fera, mais il peut aussi redescendre et rendre les autres filières non compétitives. À l'approche du pic de production, la tendance devrait être à la hausse, mais les prix peuvent aussi s'effondrer. Les compagnies pétrolières sont confrontées à ce problème lorsqu'elles doivent décider de la mise en œuvre d'un chantier ou d'une plate-forme pétrolière. Si les cours baissent, le projet sera-t-il toujours rentable ? Pour éviter les mauvaises surprises, elles utilisent un prix interne de référence, qui était en 2004 de 21 dollars pour la compagnie Total et de 25 dollars pour Shell, contre 17 dollars quelques années plus tôt. Cela signifie que les compagnies pétrolières considèrent que le prix du baril peut redescendre à 21 dollars et prendront donc cette valeur dans leurs calculs de rentabilité espérée. Le même type de calcul s'applique aux autres filières énergétiques ; ainsi, à partir d'un prix stable du pétrole au-dessus de 50 dollars le baril[122], un certain nombre d'énergies renouvelables deviennent économiquement rentables.

Mais le prix n'est pas le seul facteur permettant de déterminer le succès d'une filière. Le principal inconvénient des énergies renouvelables est leur intermittence (mis à part la biomasse et la géothermie) ; une éolienne, par exemple, ne fonctionne que lorsqu'il y a du vent. Il sera généralement nécessaire de stocker l'énergie produite sous forme d'électricité pour pouvoir l'utiliser au moment souhaité et non uniquement au moment où le vent va souffler ou le soleil briller. Or l'électricité se stocke très mal, sans compter que le stockage implique une transformation d'une forme d'énergie en une autre, donc une perte. Le pétrole et ses produits dérivés (fioul, essence...) possèdent donc l'énorme avantage de contenir de l'énergie mobilisable au moment souhaité, à l'endroit souhaité et de fournir facilement la forme d'énergie souhaitée (mécanique avec un moteur à combustion, électricité avec un groupe électrogène, chaleur par combustion...).

Il n'existe pas de source unique d'énergie qui puisse remplacer le pétrole. La solution réside plutôt dans la mobilisation de toutes les filières alternatives existantes. Nous allons passer en revue toutes les sources d'énergie primaires qui sont les piliers du système énergétique à venir. De plus, leur nombre est limité, contrairement aux usages finaux, qui sont innombrables et donc plus complexes, voire impossibles à étudier de manière exhaustive. Les vecteurs énergétiques sont parfois qualifiés d'énergie secondaire ou intermédiaire, mais il s'agit simplement d'un moyen de transporter l'énergie et non d'une source. Le vecteur énergétique le plus utilisé est l'électricité.

Le gaz naturel, sur les pas du pétrole

Le gaz naturel est une ressource naturelle non renouvelable, tout comme le pétrole. Le pic de production de pétrole devrait se situer vers 2015, tandis que celui du gaz naturel ne devrait avoir lieu que quelques années après, en 2030, avec quelques disparités régionales : un peu plus tôt en Amérique du Nord et en Europe et plus tard au Moyen-Orient. Il est même probable que l'on constate des ruptures d'approvisionnement localisées de gaz avant les premières ruptures de pétrole. Les experts en hydrocarbures sont actuellement un peu plus inquiets au sujet du gaz naturel, qui, comme le pétrole, devrait voir ses prix augmenter.

Le gaz naturel ne peut donc pas être considéré comme une alternative au pétrole. Compte tenu des délais et des coûts d'investissement en infrastructures lourdes (gazoducs, terminaux GNL, navires méthaniers, centrales électriques...), se reporter massivement sur le gaz n'est pas réalisable, outre le fait que cela risquerait de précipiter son déclin. Tout au plus peut-on espérer que le rythme de construction de terminaux de transport maritime sera suffisant pour transférer le gaz naturel du Moyen-Orient vers les pays consommateurs pour limiter les pénuries.

Parmi les inconvénients des hydrocarbures, notons leur contribution à l'effet de serre, puisque leur combustion s'accompagne systématiquement d'émission de gaz carbonique. Le gaz naturel, considéré par certains comme une énergie propre, n'émet que 30 % de CO_2 de moins que le pétrole. L'avantage des hydrocarbures est leur capacité à être stockés, sachant que la forme liquide est beaucoup plus pratique que la forme gazeuse. Le gaz naturel doit être soit conservé sous pression dans un réservoir spécifique, soit liquéfié.

Du charbon abondant mais polluant

Les réserves de charbon sont importantes. BP, dans son rapport annuel 2004, considère par exemple qu'elles s'élèvent à cent quatre-vingt-douze ans au rythme actuel de consommation. Cependant le charbon n'échappera pas au phénomène de déplétion et son pic de production devrait se situer vers 2050[a].

Le charbon est, d'un point de vue chimique[123], un hydrocarbure solide. Les deux différences principales qui font qu'on le classe habituellement à part sont un mode de production de type minier et la nature des biomasses qui entrent dans le processus de genèse. Si le processus de formation du charbon, qui se compte aussi en millions d'années, présente de grandes similitudes avec celui du pétrole, ce sont plutôt des biomasses terrestres (végétaux, anciennes forêts...) qui sont à l'origine du charbon alors que des biomasses marines (algues, plancton...) sont à l'origine des hydrocarbures. La variété des conditions de formation conduit à plusieurs catégories de charbon (anthracite, houille, lignite, tourbe...).

Depuis dix ans, la consommation est en forte hausse en Asie, un peu moins forte en Amérique du Nord et en baisse en Europe et en Russie. Les principales réserves sont situées[b] aux États-Unis (25,4 %), en Russie (15,9 %) et en Chine (11,6 %) ; viennent ensuite l'Inde (8,6 %), l'Australie (8,3 %) et l'Allemagne (6,7 %).

Le charbon est l'énergie fossile la plus polluante. Sa contribution à l'effet de serre est double : lors de sa combustion qui émet du gaz carbonique, lors de son extraction qui génère des émissions de méthane. En effet, le charbon est une roche mère du méthane ; lors de l'exploitation des mines celui-ci s'échappe, or son impact sur le réchauffement est 23 fois supérieur à celui du CO_2. Le tableau suivant présente les taux d'émission des principales énergies fossiles lors de leur combustion en fonction de leur valeur énergétique. Il faut noter que, pour le charbon, l'émission de méthane à l'extraction n'est pas prise en compte.

---

a. Jean Laherrère considère que le pic sera atteint en 2035 si les réserves ultimes sont de 450 milliards de tonnes équivalent pétrole, et qu'il sera atteint en 2055 si elles atteignent 600 milliards de tonnes équivalent pétrole.

b. Source : BP 2004.

Figure 7.1 : Émissions de CO_2 en fonction de l'énergie contenue dans le combustible (source : Jean-Marc Jancovici).

Combustible	Émissions de carbone (pour une quantité identique d'énergie[c])	Surplus par rapport au gaz naturel
Gaz naturel	651	0 %
Charbon (moyenne)	1 123	73 %
Coke de lignite	1 233	89 %
Pétrole, essence	830	27 %
Fioul lourd	890	37 %
Fioul domestique	856	31 %
GPL	731	12 %

Des progrès ont été faits pour augmenter le rendement des usines de production d'électricité au charbon (technique dite du « lit fluidisé ») ; du même coup les émissions de CO_2 ont diminué proportionnellement à l'énergie consommée. Le charbon reste la manière la plus polluante de produire de l'électricité, et ses promoteurs font actuellement des recherches sur ce qui est appelé le « charbon propre ». Terme séduisant qui aura, semble-t-il, du mal à tenir ses promesses, il faudrait plutôt parler de charbon « un peu moins sale », tout au plus.

Outre la production d'électricité, parmi les utilisations futures du charbon à des fins énergétiques, il faut mentionner la création de carburants synthétiques à partir du procédé Fischer-Tropsch qui a été mis au point par des scientifiques allemands lors de la Seconde Guerre mondiale. Il a pour l'instant été utilisé uniquement lors de pénuries d'essence car son rendement est médiocre.

c. Kilo équivalent carbone émis par tonne équivalent pétrole utilisée.

Le nucléaire et ses stocks limités d'uranium

L'énergie nucléaire est parfois présentée comme la solution d'avenir aux problèmes d'énergie et donne lieu à des débats passionnés où pro et anti-nucléaires s'affrontent plus sur des positions de principe que sur de véritables arguments scientifiques ou techniques. Pourtant le nucléaire pose de véritables problèmes que nous allons essayer de préciser. D'une part, les réserves d'uranium sont limitées, problème dont on parle peu ; d'autre part, les nouvelles générations de centrales vont être longues à mettre au point.

Le nucléaire civil sert à produire de l'électricité qui sera transportée sur de longues distances car il s'agit d'un mode de production très centralisé d'énergie. L'uranium sert de combustible dans le processus de production de chaleur et d'électricité. Il est très concentré et se présente généralement sous forme d'un minerai. Obtenir des données fiables sur les réserves d'uranium dans le monde est très difficile. Ces informations sont très politiques et relèvent d'intérêts stratégiques militaires.

Les réserves disponibles au rythme de consommation actuel se situeraient autour de cinquante ans, ce qui est peu, mais, contrairement au pétrole, ces réserves augmentent si l'on est prêt à dépenser des sommes supérieures pour extraire[d] le minerai. De plus, le prix du combustible ne représente qu'environ 10 % du prix de l'énergie électrique produite. Les sources les plus pessimistes et le BGR (Bureau fédéral allemand des géosciences et des ressources naturelles) considèrent que les réserves absolument fiables sont de vingt ans aux coûts actuels et qualifient les réserves supplémentaires de « spéculatives ». Selon Christian Ngô, membre du CEA (Commissariat à l'énergie atomique), les réserves seraient de soixante-dix ans avec une possibilité d'être triplées à l'avenir. Les principaux pays détenteurs d'uranium sont l'Australie (environ 25 %), les États-Unis (17 %) et le Kazakhstan (17 %)[124].

S'il n'y a visiblement pas de pénurie d'uranium à attendre à court terme, un report massif sur cette source d'énergie en réponse à la déplétion des hydrocarbures est risqué. Un doublement, voire un triplement, du nombre de centrales en service serait de nature à créer rapidement des tensions sur le marché de l'uranium. Mais la mise au point d'une nouvelle génération de centrales permettrait d'utiliser d'autres types de combustibles,

d. Le bilan énergétique (énergie récupérée à laquelle on retranche l'énergie dépensée) est largement positif.

très abondants cette fois, repoussant de plusieurs siècles le problème des réserves du combustible nucléaire.

Les centrales nucléaires actuelles utilisent la fission de l'uranium comme source thermique. Lors de sa fission, le noyau d'une molécule lourde, par exemple de l'uranium 235, est « cassé » en deux au moment où celui-ci est heurté par un neutron extérieur. Cette réaction dégage une énergie considérable sous forme de chaleur mais aussi deux ou trois nouveaux neutrons. Ce sont ces derniers neutrons qui provoquent la réaction en chaîne en initiant une ou plusieurs nouvelles réactions de fission. Toute la difficulté consiste à garder la réaction en chaîne sous contrôle grâce à des procédés complexes. La perte de contrôle peut déclencher de graves accidents ou même des catastrophes, aux conséquences lourdes, comme en 1979 à Three Miles Island aux États-Unis et en 1986 à Tchernobyl en URSS. Dans ces deux cas, les réactions en chaîne se sont « emballées ». Lorsque tout se passe bien, la chaleur dégagée par la réaction nucléaire en chaîne porte un fluide à ébullition, ce dernier entraînant la rotation d'une turbine qui produit de l'électricité.

Deux nouveaux principes sont à l'étude pour les centrales du futur : la surgénération et la fusion. La surgénération consiste à utiliser un processus dit « sous-critique », c'est-à-dire ne pouvant pas s'emballer. En effet, une stimulation par un bombardement permanent de neutrons est nécessaire pour provoquer une fission et donc un dégagement d'énergie ; il suffit de stopper ce bombardement, en cas d'incident par exemple, et la réaction s'arrête d'elle-même. Un autre avantage de cette technologie est d'employer d'autres types de combustibles (uranium 238, thorium 232...), beaucoup plus abondants que l'uranium 235 actuellement utilisé. Le réacteur expérimental Super Phoenix, définitivement stoppé en 1998, était un surgénérateur ; il a fonctionné mais était encore loin d'une application commerciale. Les promoteurs des surgénérateurs avancent, discrètement, l'argument selon lequel leur mise au point est une nécessité absolue compte tenu de la relative faiblesse des réserves d'uranium 235. Nous ne sommes pas en situation d'urgence, mais en 2001 a été créé le Forum international Génération 4, qui consiste à coordonner les projets de nouveaux réacteurs dans le monde. En 2002, six projets différents ont été sélectionnés et seront simultanément conduits par six pays (Canada, France, Japon, Corée, Suisse, États-Unis) et devraient déboucher sur des applications commerciales en 2035, à condition que les avancées techniques se fassent au rythme escompté.

Pour la fin du siècle, une production d'énergie par fusion thermonucléaire est envisagée. Il s'agit, ni plus ni moins, de reproduire le processus de création d'énergie à l'œuvre dans les étoiles et notre Soleil ! L'avantage est que les types de combustibles utilisables sont présents en quantité quasi infinie sur la Terre[e]. Le projet international dénommé ITER (qui signifie « la voie » en latin) ne sera pas en mesure de produire d'électricité de manière fiable avant très longtemps. Certains scientifiques sont d'ailleurs très sceptiques à son sujet, indiquant que de nombreux problèmes ne sont pas résolus, qu'il n'est pas prioritaire et que la communauté scientifique n'a pas été consultée[125]. La fusion est une technique très différente de celles qui sont employées actuellement et il paraît prématuré de faire une quelconque prévision quant à une date de mise en exploitation commerciale.

Les réacteurs nucléaires ont été regroupés en « générations », marquant ainsi les évolutions principales. Nous en sommes actuellement à la deuxième génération de réacteurs. L'EPR *(European Pressurized Reactor)*, le prochain projet de réacteur qui sera implanté à Flamanville en France, fait partie de la troisième génération ; les améliorations apportées sont minimes et concernent essentiellement quelques points de sécurité. Il reste très critiqué et jugé inutile par certains[126]. La véritable rupture intervient avec le passage à la quatrième génération à base de surgénération qualifiée de « révolutionnaire[127] » par ses promoteurs par opposition à l'EPR, qu'ils ne qualifient que d'« évolutionnaire ».

La production d'énergie nucléaire présente la particularité intéressante de ne pas contribuer au dérèglement climatique puisque pratiquement aucune émission de gaz à effet de serre n'est à déplorer. Autre avantage : l'importante puissance délivrée, puisqu'une tranche nucléaire (un réacteur) délivre de l'ordre 1 000 mégawatts, soit simultanément 20 millions d'ampoules de 50 watts ou 1 million d'appareils de 1 000 watts (sèche-cheveux...). En revanche, un réacteur ne peut pas être mis en service ou hors service rapidement ; il s'agit donc d'un moyen de production peu souple, qui ne sait pas s'adapter aux pointes de demande ; c'est pour cette raison qu'il est nécessaire de l'associer à des centrales à gaz ou au fioul, plus réactives.

L'électricité d'origine nucléaire est censée avoir un faible coût de production, mais c'est partiellement faux. Le véritable coût du nucléaire est un vaste débat car, compte tenu de la très grande complexité d'une centrale et

e. Le deutérium est présent dans l'eau de mer en quantité importante.

Figure 7.2 : Les générations de centrales nucléaires.

Génération	Premières utilisations	Technologie	Combustible	Remarques
1 2 3	1950 1970 2010	Fission	Uranium 235	Les tout premiers réacteurs américains, russes, anglais et français Les réacteurs en service actuellement Projet de réacteur EPR
4	2035 au plus tôt	Surgéneration	Thorium 232, uranium 238…	6 projets coordonnés au niveau international
5 et 6	…	…		
7 ou 8	2100	Fusion	Deutérium…	Projet ITER

de son mode de fonctionnement, certains éléments peuvent être pris en compte ou non. Citons, par exemple, les importants coûts de recherches mi-civiles, mi-militaires, les services publics de sûreté avec la protection permanente des sites sensibles par l'armée ou les forces de police. Il existe aussi des coûts potentiels non pris en compte, comme celui des accidents, aucune police d'assurance n'étant souscrite. Enfin, les coûts à long terme sont sous-estimés[128]. Il s'agit principalement du démantèlement des centrales, dont la durée de vie est d'une trentaine d'années, et du stockage des déchets, dont la durée est supérieure à mille ans. Ainsi, la provision pour démantèlement s'élève à 15 % du coût initial, ce qui semble raisonnable ; mais, par le jeu des dégrèvements comptables, dus à l'application d'un taux dit « d'actualisation », seul 1 % est mis de côté. De plus, la Commission européenne a critiqué la gestion hasardeuse de ces fonds par EDF et son homologue allemand RWE[129]. Une part non négligeable des dépenses réelles du nucléaire est prise en charge par la collectivité ; le montant de la facture d'électricité ne reflète donc pas les coûts exacts. Pour les connaître, il faudrait y ajouter une part, difficile à estimer, du montant des impôts.

L'abandon du programme nucléaire civil anglais a été déclenché par une évaluation indépendante des coûts réels, qui se sont révélés trois fois supérieurs à ceux initialement estimés, mais aussi par la révélation que le démantèlement des centrales serait financé par les recettes issues de la construction de nouvelles centrales nucléaires[130].

La sécurité est un des inconvénients majeurs du nucléaire, avec le risque d'une émission de particules radioactives, invisibles à l'œil nu, en cas d'incident ou d'accident grave. La décontamination est toujours une opération délicate, surtout si le nombre de personnes touchées est élevé. La protection du réacteur est robuste dans les pays industrialisés, et peut encaisser l'impact provoqué par le crash d'un avion de tourisme, mais pas celui provoqué par un avion de ligne du type de ceux utilisés lors des attentats du 11 septembre 2001. Certaines centrales sont donc protégées par des batteries de missiles sol-air. Mais il est évident que les 472 réacteurs de production d'électricité, présents dans 31 pays, et les 284 réacteurs de recherche, présents dans 55 pays[131], ne bénéficient pas tous d'une telle protection.

Les déchets radioactifs doivent être stockés pendant de très longues durées. Ils se divisent en trois catégories. Les déchets de catégorie A (95 % du volume des déchets) deviennent inoffensifs au bout de trois cents ans, ils sont généralement confinés et conservés en surface. Ceux de la catégorie intermédiaire B (5 %) présentent une faible radioactivité mais qui peut persister jusqu'à quelques centaines de milliers d'années. Une faible partie, la catégorie C (1 %), présente une radioactivité forte pendant plusieurs centaines de milliers d'années. Ces déchets sont enterrés et devront être surveillés régulièrement.

Prometteuse biomasse

La biomasse englobe toute énergie en provenance des végétaux. Le bois est historiquement la première source d'énergie utilisée par l'homme (il y a 500 000 ans), pour se chauffer, s'éclairer puis cuire ses aliments. Pour environ la moitié des habitants de la planète, c'est la principale et souvent la seule source d'énergie.

De toutes les sources d'énergie renouvelable, la biomasse est parmi les plus prometteuses, du moins sous nos climats tempérés d'Europe où la végétation est abondante. Elle présente l'avantage de pouvoir être stockée, ce qui en fait une source complémentaire d'énergie que l'on peut utiliser conjointement à une ferme éolienne par exemple. Les végétaux ont une composition chimique proche de celle des hydrocarbures (hydrogène et carbone), ce qui fait que, en théorie, la quasi-totalité des usages du pétrole peuvent être qualitativement couverts par la biomasse. En revanche, leur capacité énergétique est plus faible que celle des hydrocarbures et les quantités utilisables, limitées par la surface disponible, ne permettent en aucun cas de couvrir l'ensemble de la consommation actuelle de pétrole.

L'emploi intensif de biomasse à des fins énergétiques, probable à l'avenir, peut laisser craindre une surexploitation forestière voire une compétition avec les surfaces dédiées à l'agriculture, comme au Moyen Âge. On constate par ailleurs que la production mondiale de céréales plafonne depuis plusieurs années[132]. Le régime alimentaire adopté à l'avenir déterminera les surfaces agricoles nécessaires. Si celui-ci est riche en viande, les surfaces agricoles mobilisées seront plus importantes puisqu'on estime qu'il faut de 5 à 10 calories végétales pour obtenir une calorie animale[133] en tenant compte de l'alimentation animale. L'alimentation humaine et animale fait bien partie de la biomasse. Aujourd'hui son pouvoir calorifique correspond à 500 ou 600 millions de tonnes équivalent pétrole, soit 6 % de l'énergie primaire consommée annuellement dans le monde[134].

L'utilisation de la biomasse à des fins énergétiques présente l'intérêt de provoquer peu de rejets de gaz carbonique. En effet, les végétaux absorbent lors de leur croissance le CO_2 qui sera émis lors de leur combustion.

Le bois-énergie

Les végétaux ligneux utilisés dans la filière bois-énergie sont de nature diverse. En Europe, il s'agit à plus de 50 % de bois issu de l'exploitation forestière (rondins, résidus, branchages...) mais aussi de déchets de l'industrie du bois et de la pâte à papier ainsi que de bois de rebut (cageots, palettes, bois de démolition...). Les utilisations finales de ce bois sont diverses et concernent essentiellement le chauffage individuel ou collectif, la production d'électricité et la cuisson des aliments.

Le pouvoir calorifique du bois dépend beaucoup de son degré d'humidité. Une tonne de bois sec correspond à 0,40 tep[f], alors qu'humide il ne produit que 0,25 tep. Les rendements annuels à l'hectare varient de 3 à 5 tonnes pour une forêt classique et peuvent atteindre de 10 à 13 tonnes pour des plantations spécialisées[135]. En Europe, la production moyenne par habitant et par an est de 116 kilos équivalent pétrole[g]. À titre de comparaison, la consommation moyenne de combustibles fossiles est de 3,2 tonnes par habitant[h].

Le coût du bois-énergie est compétitif (voir figure 7.3). Son prix est inférieur à celui du fioul, mais demande de plus grandes opérations de manutention. Il existe pour les installations collectives du bois sous forme de granules qui permet d'automatiser les chargements. Le bois peut aussi être utilisé sous forme de charbon de bois après carbonisation, ce qui augmente sa densité énergétique (qui atteint alors 0,75 tep par tonne de bois). Le bois peut aussi être gazéifié, technique parfois employée pour la production d'électricité.

Les biocarburants

Il s'agit de carburants produits à partir de produits agricoles (colza, betterave, blé, canne à sucre...). Les rendements sont actuellement faibles, et les productions agricoles incorporent pour leur culture une grande partie d'hydrocarbures pour les consommations intermédiaires (carburants agricoles, engrais...) qui peuvent atteindre aujourd'hui 0,9 l pour 1 litre de biocarburant[136] ! Les biocarburants seront abordés plus en détail au chapitre suivant dans le cadre des transports.

---

f. Tonne équivalent pétrole.

g. La production totale de l'Europe des Quinze représentait 44 millions de tep d'énergie primaire en 2002. Les premiers pays sont : la Finlande avec 1,2 tep par habitant, suivie de la Suède et de l'Autriche. La France est sixième avec 0,143 tep (source : baromètre Eurobserver 2003).

h. Les 3,2 tonnes par an et par habitant se décomposent comme suit : pétrole 1,7 tep, gaz naturel 0,95 tep et charbon 0,18 tep.

Figure 7.3 : Comparaison du coût moyen des combustibles en France en 2002 (source : Énergie Plus).

Type de combustible ou d'énergie	Prix en centimes d'euro par kWh (entrée chaudière)
Fioul domestique	3,78
Propane	7,15
Gaz naturel	3,25
Charbon	2,12
Électricité	5,17 à 7,56
Plaquettes forestières	1,98 à 2,29
Plaquettes à partir de déchets	1,22 à 1,68
Granulés	2,44

L'épineux problème du stockage de l'énergie

Masse requise pour stocker l'équivalent d'un kilo de pétrole (11,6 kWh)

Bois	Batteries (plomb/acide)	Eau en altitude	Uranium	Chaleur
2,22 kg Quelques mètres carrés de surface mobilisés par an	Plus de 300 kilos de batteries	43 tonnes d'eau pouvant effectuer 100 mètres de chute	1 milligramme	10 °C d'élévation de la température pour 1 tonne d'eau

(Source : Jean-Marc Jancovici).

Le stockage est le point faible des énergies renouvelables ; seul le bois présente une densité énergétique importante. Le stockage de l'énergie nécessite le passage par un dispositif qui va générer une perte en entrée, puis en sortie. Un des meilleurs moyens employés consiste à utiliser des centrales hydrauliques « à l'envers » puisque l'on va remonter de l'eau dans un bassin pour pouvoir produire de l'énergie au moment souhaité (aux périodes de pointe). Il est également possible de comprimer de l'air comme cela est fait à grande échelle dans certaines anciennes mines de sel – en Allemagne, un réservoir de 300 000 mètres cubes permet de délivrer 300 mégawatts pendant deux heures, ce qui permet de couvrir la demande de pointe malgré de médiocres rendements.

L'hydraulique, la grande et la petite

L'énergie hydraulique est utilisée depuis l'Antiquité. Depuis le XIXᵉ siècle, on sait transformer cette énergie en électricité. Le principe de fonctionnement est simple et comprend trois éléments principaux. Un barrage peut soit servir de retenue d'eau, soit permettre d'augmenter la hauteur de chute, car la puissance délivrée dépend de la hauteur d'eau et de son débit. Une centrale abrite les turbines qui à leur tour entraînent un générateur électrique. Un canal de dérivation, qui est parfois un tuyau, relie barrage et turbines.

L'avantage de l'énergie hydraulique est de permettre de fournir de fortes puissances et surtout de stocker l'énergie dans les retenues d'eau. En pratique, de nombreuses limites existent. Tout d'abord, les cours d'eau sont irréguliers. Par exemple en montagne, qui est l'endroit indiqué pour obtenir d'importantes hauteurs d'eau, les débits sont importants à la fonte des neiges alors que ce n'est pas forcément à ce moment que la demande est la plus forte. Ensuite, des différences de pluviométrie d'une année sur l'autre peuvent provoquer des écarts d'énergie produite de l'ordre de 20 %.

Le potentiel de développement de cette source d'énergie est important puisque l'on estime que seuls 20 % des sites sont exploités dans le monde, mais 50 % en Europe et en Amérique du Nord[137]. Les barrages posent de nombreux problèmes, principalement écologiques, car les rives sont des éléments fondamentaux des écosystèmes aussi bien aquatiques que terrestres. La mise en eau peut provoquer l'extinction d'espèces rares. Une fois le barrage en fonctionnement, certains poissons sont bloqués (saumons, truites de mer...), bien que des dispositifs de plus en plus efficaces existent désormais (écluses ou ascenseurs à poissons...).

On distingue plusieurs types d'installations, classés par taille. On parle de petite hydraulique pour des puissances inférieures à 10 mégawatts, de mini (moins de 2 mégawatts) et de micro (moins de 0,5 MW) – surtout employée dans les pays en développement.

La puissance des petites installations hydrauliques en Europe représente environ 10 500 mégawatts. Ce chiffre évolue lentement car les contraintes administratives sont importantes pour l'utilisation des cours d'eau. La moyenne par habitant en Europe est actuellement de 27 watts[i]. Le potentiel restant serait de 6 000 mégawatts[138].

L'électricité d'origine hydraulique est déjà économiquement compétitive, mais les investissements initiaux sont très importants. Ils varient en fonction de la topographie des lieux et sont généralement amortis en quinze à trente ans[139].

L'inconstante énergie éolienne

L'énergie éolienne est actuellement utilisée pour pomper de l'eau mais surtout pour produire de l'électricité. C'est une filière en pleine expansion. En dix ans, la puissance disponible dans le monde a été multipliée par treize.

L'éolienne (le terme exact est aérogénérateur) possède, dans sa forme la plus courante, une hélice à trois pales placée en haut d'un mât élevé, tirant ainsi parti du vent qui souffle environ 30 % plus fort au-dessus de 50 mètres qu'au niveau du sol. L'éolienne doit être placée dans le sens du vent et utilise pour s'orienter soit un gouvernail, soit un moteur. Le fonctionnement optimal se fait lorsque le vent souffle entre 20 et 60 kilomètres à l'heure. Au-delà, il est nécessaire de freiner l'éolienne soit en modifiant l'inclinaison des hélices mobiles, soit en faisant usage d'un frein à disque. Dans les régions sujettes a cyclones, l'éolienne pourra être temporairement couchée. Les aérogénérateurs sont regroupés dans ce que l'on appelle des fermes éoliennes. Leur taille augmente constamment. Elles comportent actuellement de cinq à trente éoliennes et délivrent une puissance de 5 à 20 mégawatts. Des projets de 200 éoliennes[j] délivrant 600 mégawatts sont actuellement à l'étude.

L'inconstance des vents est un souci pour la gestion d'une ferme éolienne. La puissance instantanée délivrée dépend de la vitesse du vent élevée au cube, ce qui signifie que si le vent baisse de moitié, la puissance délivrée est divisée par 8. Il est donc nécessaire de disposer d'une source d'énergie d'appoint, généralement une centrale à gaz ou une centrale

i. Les premiers pays de l'Europe des Quinze : l'Autriche et la Suède avec 120 watts par habitant ; la France est septième avec 34 watts (source : Eurobserver 2003).

j. Actuellement les éoliennes les plus puissantes délivrent 6 mégawatts. Une éolienne de 4,5 MW est placée en haut d'un mât de 125 mètres ; le diamètre de son rotor est de 115 mètres.

utilisant de la biomasse ; on parle de centrales « *backup* », qui peuvent démarrer instantanément. La variation des vents peut être journalière, saisonnière, avec des pointes en automne et en hiver, ou même d'une année sur l'autre, avec des différences qui peuvent atteindre 25 %.

Une éolienne fonctionne en moyenne de 20 % à 40 % du temps suivant sa situation. Les régions côtières sont parmi les plus exposées aux vents. En plaine, les emplacements privilégiés sont en haut des collines. De nombreuses fermes sont installées en mer, malgré les problèmes de corrosion plus importants dus au sel. La puissance installée en Europe est en moyenne de 14 watts par habitant[k]. Ce continent tient une bonne place puisque ses 28 700 mégawatts représentent 73 % de la capacité totale mondiale.

Parmi les inconvénients des éoliennes, il faut mentionner deux aspects subjectifs que sont la pollution visuelle et la pollution sonore. Le bruit a une double origine : mécanique, liée à la rotation du générateur, et aérodynamique, liée au mouvement des pales. Il existe des normes assez strictes, et une distance de l'ordre de 300 mètres avec les habitations doit être respectée. Néanmoins certains trouvent le léger bruit gênant alors que d'autres n'y font même pas attention.

La « thalasso-énergie » ou le potentiel des mers et des océans

Les mers et les océans possèdent un potentiel énergétique important. Il reste à pouvoir le capter, ce qui implique de mettre au point les bons convertisseurs.

L'énergie des marées

Les marées créent un flux et un reflux qui provoquent un formidable dégagement d'énergie dont il est possible de prélever une petite partie. Le meilleur exemple est celui de l'usine marémotrice de la Rance en France, la plus grande au monde, avec une puissance de 240 mégawatts. Elle fonctionne depuis trente ans et EDF annonce un prix de revient très compétitif de l'électricité produite (3 centimes d'euro le kilowattheure), malgré les problèmes de dépôts d'alluvions dans le bassin de rétention. Le potentiel existant pour ce type de projets est très important, notamment en France et au Royaume-Uni.

---

k. Les premiers pays de l'Europe des Quinze sont en 2003 : le Danemark (45 watts par habitant), suivi de l'Autriche, de l'Espagne et de l'Allemagne. La France est treizième avec 1,7 W par habitant (source : Eurobserver 2003).

L'énergie des vagues

Les vagues sont créées par le vent. Il s'agit d'une forme peu dense d'énergie : la puissance potentielle n'est que de 50 kilowatts par mètre de côte[140]. De nombreux projets expérimentaux sont en cours. Les techniques déployées sont nombreuses. En voici trois. Les bouées en mouvement utilisent un flotteur qui est déplacé par la houle et actionne un piston alimentant une turbine. La deuxième technique fait appel à des colonnes oscillantes, la vague vient s'engouffrer dans un caisson en bout de course et comprime de l'air qui alimentera un générateur[1]. Enfin, le débordement de chenal, où l'eau est dirigée vers un conduit de plus en plus étroit pour déborder et remplir un réservoir légèrement surélevé : en s'écoulant, l'eau entraîne une turbine. Les variantes et les projets alternatifs sont actuellement nombreux et généralement simulés par ordinateur avant d'éventuellement voir le jour. La quantité d'énergie récupérable dépend, comme pour beaucoup d'énergies renouvelables, de la localisation et du moment de l'année. Le potentiel existant est important, mais les prix de revient sont plus élevés que ceux des usines marémotrices. Pour que l'énergie des vagues puisse être considérée comme une technique viable, il faudra avoir un retour d'expérience suffisant permettant de savoir comment les installations de surface résistent aux tempêtes exceptionnelles.

L'énergie des courants marins

Le principe de base est simple : il consiste à placer sous l'eau des dispositifs ressemblant à des éoliennes, des hydroliennes. L'avantage est que les courants sont prévisibles longtemps à l'avance, contrairement aux vents pour les éoliennes terrestres. La France et le Royaume-Uni sont à la pointe dans ce domaine et possèdent chacun ses technologies et ses projets. Le Royaume-Uni compte utiliser les courants d'ici à 2020. En France, trois sites (Ouessant, Sein et Blanchard) ont été identifiés comme pouvant fournir une puissance de 3 000 mégawatts[141].

L'énergie thermique des océans

Elle pourrait être exploitée en tirant parti de la différence de température entre l'eau chaude en surface et l'eau plus froide dans les profondeurs. Les rendements espérés sont cependant faibles et les projets réservés aux régions où la surface de l'eau est chaude, c'est-à-dire les régions tropicales[142].

1. Un projet de ce type avec une capacité de 500 kilowatts fonctionne en Écosse depuis novembre 2000.

L'avantage de la thalasso-énergie est d'offrir des puissances électriques importantes, dont le débit est certes variable mais prévisible. En effet, les marées et les courants marins répondent à des cycles connus. En revanche, les coûts d'exploitation sont importants compte tenu de l'environnement corrosif dû au milieu salin et aux micro-organismes marins. Cette filière naissante est très active et les nouveaux projets de convertisseurs foisonnent.

Le solaire, surtout pour la journée

Le flux annuel d'énergie qui arrive sur Terre est environ 13 000 fois supérieur à la consommation actuelle toutes énergies confondues[143]. Les deux principaux problèmes sont les convertisseurs – permettant de transformer cette énergie en une forme utilisable – et le stockage – car le soleil brille par intermittence. Des deux usages principaux du solaire aujourd'hui, la production d'électricité et la production de chaleur, c'est certainement ce dernier qui est le plus prometteur.

Les cellules photovoltaïques

Elles permettent de transformer l'énergie solaire directement en électricité. Leur rendement est de l'ordre de 15 à 18 % et les puissances délivrées sont faibles. Les types d'utilisation de prédilection sont les installations isolées ou de très faible consommation, car les cellules photovoltaïques sont fabriquées à partir de silicium et leur coût de revient est élevé. De plus, il faut compter environ quatre à cinq années d'utilisation pour récupérer l'énergie qui a servi à leur fabrication[144] alors que leur durée de vie est de l'ordre de vingt ans. Les panneaux photovoltaïques peuvent être associés à une batterie, ce qui réduit encore les rendements globaux et augmente le coût, ou bien être raccordés au réseau, ce qui est la tendance en Europe (85 % de la puissance disponible en 2003), encouragée par les politiques de subventions par rachat de l'électricité produite.

Mais l'énergie produite est tributaire de la situation géographique et des conditions météorologiques. Lorsque l'on communique la puissance des panneaux solaires, on utilise comme unité les « watts crête », que l'on note Wc. Il s'agit de watts potentiels que l'on obtient seulement dans des conditions idéales de référence : c'est-à-dire un rayonnement solaire de 1 000 watts par mètre carré et une température de 25 °C, car l'augmentation de la température diminue les rendements. Le pays le plus en pointe est le Japon avec près de 50 % des capacités mondiales de production (en 2003), suivi par l'Allemagne (15 %). La puissance installée en Europe est de 1,4 Wc par habitant[m]. Quelques progrès sont attendus dans la filière photovoltaïque, sur les rendements et les coûts, avec l'arrivée de nouveaux capteurs attendus pour 2010 (souples et à couche mince).

Les centrales solaires

Elles permettent de délivrer de fortes puissances et fonctionnent toutes sur le même principe : les rayons solaires sont concentrés pour chauffer un fluide à une température suffisante pour fabriquer de l'électricité. Il y a trois grands types de centrales. Le premier concerne les centrales dites « à tour » : elles focalisent avec un grand nombre de miroirs les rayons solaires sur une tour de quelques dizaines de mètres de haut. Des projets de ce type ont été lancés au début des années 1980 et sont désormais arrêtés – il s'agissait uniquement d'en démontrer la faisabilité[145]. Le deuxième type est celui des collecteurs paraboliques qui suivent le soleil à la manière des tournesols et produisent de 5 à 100 kilowatts pour un diamètre de 7 à 20 mètres. Le troisième type utilise des miroirs à auge (en forme de demi-cylindre) et concentre les rayons solaires sur un tube dans lequel circule un fluide. Les centrales de ce dernier type fonctionnent toujours[n]. De plus, il est possible de maintenir le fluide chaud pendant quelques heures, ce qui permet de collecter l'énergie solaire le jour et de produire de l'électricité le soir. Il y a actuellement une vingtaine de centrales de ce type dans le monde. L'Espagne et l'Italie possèdent l'ensoleillement suffisant pour ce type de projets.

Solaire thermique

Cette technologie simple consiste à capter la chaleur émise par les rayons solaires pour chauffer de l'eau qui circule dans des canalisations. C'est le principe de la bouteille d'eau laissée en plein soleil dans la voiture et que l'on retrouve chaude. Le concept a été un peu amélioré par l'utilisation de panneaux vitrés et de boîtiers dont la surface intérieure est noircie – ainsi, ils fonctionnent même avec un faible ensoleillement. De nombreuses variantes existent compte tenu des contraintes d'utilisation, haute ou basse température, vitré ou non, ou bien sous vide pour limiter encore les pertes. Si la température extérieure est susceptible de descendre en dessous de zéro, la nuit par exemple, il faudra utiliser un fluide caloporteur et non de l'eau,

m. La capacité installée en Europe est de 560 millions de watts crête en 2003. Les premiers pays sont le Luxembourg et l'Allemagne avec 4,8 Wc par habitant, la France est neuvième avec 0,36 Wc (source : Eurobserver 2003).

n. Les plus grandes installations produisent 80 mégawatts.

susceptible de geler. Les usages principaux sont le chauffage d'habitation, les chauffe-eau solaires et le chauffage des piscines. Leur emplacement de prédilection est sur le toit des habitations. En Europe la moyenne est de 370 centimètres carrés installés par habitant, ce qui correspond à un carré de 19 centimètres de côté[o].

Solaire passif et architecture bioclimatique

Une autre méthode pour capter les rayons solaires consiste à adapter l'architecture, par exemple en construisant des baies vitrées au sud, pour capter les rayonnements solaires. Cette technique qui s'apparente à du bon sens présente un potentiel très important, comme nous le verrons au chapitre suivant.

La géothermie

Le principe de base de la géothermie consiste à utiliser la chaleur du manteau terrestre. Il existe des sources naturellement chaudes dont les Romains déjà tiraient parti pour chauffer leurs thermes. Certains pays, comme l'Islande, possèdent un grand nombre de geysers et de sources chaudes qu'ils n'ont plus qu'à exploiter, mais dans la majorité des cas il faudra forer des puits, parfois à très grande profondeur, pour tirer parti du gradient géothermique qui provoque une hausse de température de 3 à 5 °C chaque fois que l'on s'enfonce de 100 mètres. L'eau que l'on récupère des profondeurs terrestres, entre quelques centaines de mètres et 3 000 mètres, contient généralement du soufre et peut être très corrosive, ce qui endommage les installations et l'environnement si les eaux sont rejetées dans la nature.

En fonction de la température de l'eau, on parlera de géothermie basse, moyenne ou haute énergie. La haute énergie (de 250 à 350 °C) sert principalement à produire de l'électricité tandis que les moyenne (90 à 180 °C) et basse (30 à 100 °C) servent surtout au chauffage d'habitation. Pour cette dernière, lorsque la température de l'eau géothermale est trop basse, on utilise une pompe à chaleur, qui consiste à dépenser un peu d'énergie (souvent de l'électricité) pour augmenter la température de l'eau obtenue.

o. En Europe, la surface installée s'élève à 14 millions de mètres carrés en 2003. Les pays en pointe sont l'Autriche avec 3 347 centimètres carrés par habitant (soit un carré d'environ 60 centimètres de côté), suivie de la Grèce et de l'Allemagne. La France arrive huitième avec 122 centimètres carrés par habitant (soit un carré de 11 centimètres de côté) (source : Eurobserver 2003).

Tous les pays ne naissent pas égaux devant la géothermie. Ainsi l'Italie est largement en tête puisqu'elle possède, en 2002, 97 % des 880 mégawatts de puissance électrique disponible en Europe[146]. Pour la filière chaleur basse énergie, c'est encore l'Italie (40 %) – suivie de la France (30 %) – qui dispose des plus grandes capacités pour un total européen de 1 051 mégawatts en 2002. La filière basse énergie utilisant une pompe à chaleur est mieux répartie car demande des conditions naturelles moins exceptionnelles. La capacité totale européenne est de 3 280 mégawatts ; les plus grandes capacités reviennent à la Suède (32 %), à l'Autriche (18 %), à l'Allemagne (18 %) et à la France (16 %). Le potentiel d'augmentation dans les années à venir existe, mais un doublement des capacités paraît être une limite supérieure. Parmi les nouvelles techniques, notons celle expérimentée à Soultz-sous-Forêts en Alsace consistant à effectuer des forages à 5 000 mètres dans lesquels on injecte de l'eau froide pour la remonter chaude, tirant parti des progrès de la technologie de forage réalisés par l'industrie pétrolière.

L'énergie des déchets et les biogaz

On peut considérer les déchets comme une énergie renouvelable du fait de leur caractère récurrent. À partir des sources diverses de déchets (agricoles, industriels, ménagers...), deux méthodes sont aujourd'hui utilisées à des fins énergétiques : la fermentation et l'incinération.

Les biogaz

Ils s'obtiennent par fermentation de matières organiques dans de grandes cuves que l'on appelle « digesteurs ». Les déchets utilisés peuvent être d'origine animale (lisiers de porcs, déjections bovines...), des effluents industriels essentiellement issus de l'agroalimentaire (brasseries, sucreries, laiteries...) mais aussi des rejets de provenances diverses (papeteries, stations d'épuration urbaines...) et enfin les ordures ménagères. La moyenne européenne est de 7,2 kg équivalent pétrole produit par habitant et par an[p].

L'incinération des déchets

Chaque Européen produit 1 kilo de déchets ménagers par jour. Leur pouvoir calorifique est relativement faible, de l'ordre de 0,2 tep par tonne.

---

p. La production européenne s'élève à 2,75 Mtep en 2002. Les pays en pointes sont : la Grande-Bretagne avec 16 kilos d'équivalent pétrole par habitant, suivie de la Suède et du Danemark. La France arrive neuvième avec 5,2 kg équivalent pétrole par habitant (source : Eurobserver 2003).

Cette pratique a pour intérêt aussi bien de réduire le volume de déchets que de produire de l'énergie. La nature des déchets incinérés est susceptible de provoquer des désagréments dans le voisinage des centrales en milieu urbain.

Énergie animale

De nombreux pays en développement utilisent l'énergie animale, notamment celle du bœuf et du cheval, principalement pour l'agriculture et les transports. Le rendement peut se calculer en comparant la valeur énergétique des aliments ingérés et l'énergie utile fournie. Ce rendement est relativement faible, de l'ordre de 10 % seulement. Dans le règne animal, l'espèce la plus efficace est l'espèce humaine[147], qui peut fournir de 500 à 600 kilocalories par jour pour une consommation moyenne de 2 500 à 3 000 kilocalories[q], ce qui correspond à un rendement de 20 %. C'est un point important, qui explique en partie pourquoi, d'un point de vue purement rationnel, l'esclavage fut malheureusement un système efficace.

L'Europe des énergies renouvelables

L'Europe est la région du monde la plus dynamique au niveau des énergies nouvelles. Il existe des pays en pointe sur certaines filières (le photovoltaïque au Japon, les biocarburants au Brésil...), mais le bilan européen est parmi les mieux répartis sur les différentes filières. Pourtant la biomasse et l'hydraulique dominent largement. Ce sont les formes d'énergie les plus compétitives dans un contexte où l'énergie est bon marché, alors que les autres filières ont besoin d'être subventionnées. Si l'on classe les énergies renouvelables en fonction du coût de la tonne de pétrole économisée, hydroélectricité et biomasse sont au même niveau, tandis que l'éolien est 50 % plus cher, la géothermie deux fois, le solaire thermique trois fois et le photovoltaïque dix fois plus cher[148]. La figure suivante présente la part respective des principales filières dans la consommation européenne. Elle illustre bien les coûts relatifs des différentes filières.

q. Le joule est l'unité officielle de mesure de l'énergie. 1 calorie = 4,184 J.

Figure 7.4 : Part des différentes énergies renouvelables dans l'Europe des Quinze en 2002 (source : baromètre Eurobserver).

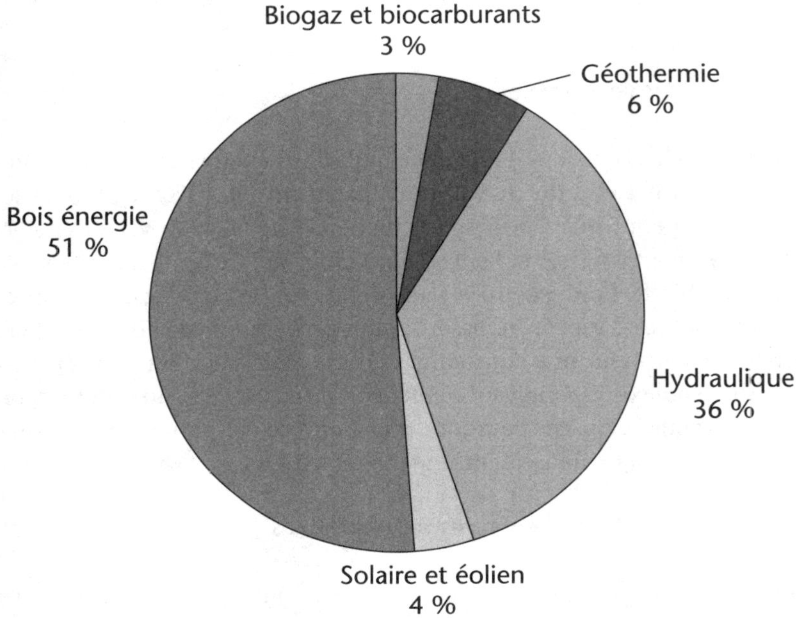

L'Europe s'est fixé en 1997 comme objectif indicatif d'atteindre les 11,5 % de son énergie primaire et 22,1 % de son électricité produite à partir de sources renouvelables en 2010. Le but étant alors de réduire le taux d'émission de CO_2 dans l'atmosphère. Pour remplir l'objectif, il faudra certainement porter la biomasse à hauteur de 75 % de l'énergie renouvelable utilisée[149].

Figure 7.5 : Part des différentes énergies renouvelables dans la consommation totale d'énergie primaire des pays de l'Europe des Quinze en 2002 (source : Eurobserver).

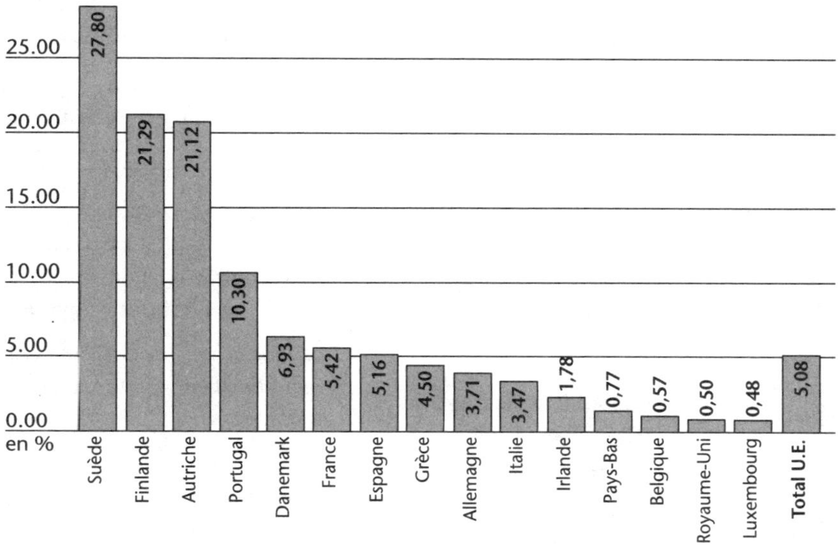

La figure ci-dessus montre que trois pays se détachent avec des taux d'utilisation en renouvelables supérieurs à 20 %. Sans surprise, ce sont les trois premiers pays utilisateurs de biomasse également bien placés sur l'hydraulique et la plupart des autres filières propres. Il peut être surprenant de voir l'Allemagne derrière la France en valeur absolue, mais, en termes de dynamique, il n'y a pas de doute, l'Allemagne, contrairement à la France, est parmi les pays les plus actifs d'Europe dans quasiment toutes les filières. Notons que le Royaume-Uni et les Pays-Bas, pays producteurs d'hydrocarbures, partent de très loin avec moins de 1 %.

Un avenir énergétique fait de petits pas

La comparaison des différentes filières ne peut pas se faire uniquement sur le prix ; d'autres critères entrent en jeu et, à part pour l'émission de gaz à effet de serre, ils sont favorables au pétrole (disponibilité, capacité à être stocké). Le tableau suivant propose un bref résumé des avantages et inconvénients de chaque source d'énergie.

Figure 7.6 : Principaux avantages et inconvénients des différentes sources d'énergie primaire et des principaux vecteurs énergétiques.

Source	Avantages	Inconvénients
Pétrole	Stockage très facile, coût faible (jusqu'à présent)	Déplétion proche et émission de CO_2
Gaz naturel	Stockage assez facile, coût faible (jusqu'à présent)	Déplétion assez proche et émission de CO_2
Charbon	Disponible en grande quantité	Fortes émissions de CO_2
Nucléaire	Pas d'émission de CO_2, production de forte puissance	Réserves d'uranium limitées, déchets, coûts cachés, manque de souplesse, sécurité
Éolien	Coût de fonctionnement relativement faible	Génération d'énergie de manière intermittente et difficile à prévoir
Hydraulique	Faible coût et puissance importante délivrée	Nombre de sites limité, dégâts environnementaux et coûts élevés des investissements
Thalasso-énergie	Production de forte puissance et prévisible	Coûts d'entretien élevés à cause des agressions du milieu marin
Solaire photovoltaïque	Peut être installé partout (installations isolées)	Coûts de fabrication très élevés, rendements faibles
Solaire thermique	Bon rendement, installations simples, potentiel important	Inconstance de la production d'énergie
Géothermie	Source d'énergie constante et de forte puissance	Nombre de sites disponibles limité, corrosion de l'eau géothermale
Bois & biomasse	Possibilité de stockage, bilan émission de CO_2 très faible	Capacités limitées par la surface des terres disponibles

Vecteurs d'énergie

Vecteur	Avantages	Inconvénients
Hydrogène	Utilisation non polluante	Actuellement produit à partir d'hydrocarbures, ce n'est pas une source d'énergie. Très faible densité énergétique. Stockage très difficile
Électricité	Transport pratique et propre	Ce n'est pas une source d'énergie. Difficile à stocker

Il n'existe pas de solution unique de remplacement du pétrole. Il sera nécessaire d'utiliser toutes les formes d'énergie alternatives partout où ce sera possible. Les potentiels disponibles sont très importants et des améliorations de rendement sont encore à attendre. Depuis les crises pétrolières des années 1970, de nombreux progrès ont été faits dans les nouvelles filières. Un premier tri s'est effectué pour retenir les convertisseurs viables et l'offre est aujourd'hui plus mature. C'est une condition indispensable pour pouvoir lancer des investissements à grande échelle. La thalasso-énergie, en revanche (à part pour les projets d'usines marémotrices), semble bénéficier d'un intérêt nouveau et devra attendre les premiers retours d'expérience avant de pouvoir se généraliser.

Parmi les filières d'avenir figurent certainement la biomasse, le solaire thermique, l'éolien, notamment offshore, et la thalasso-énergie sans doute à plus long terme. Concernant les énergies non renouvelables, le cas du nucléaire est particulier puisque la visibilité sur les réserves d'uranium est mauvaise ; on sait juste que le potentiel est faible et que poursuivre dans cette voie nécessite des réacteurs de quatrième génération, ce qui rend incompréhensible, d'un point de vue technique, le choix du gouvernement français de lancer en 2004 la construction de l'EPR, un réacteur de troisième génération. Le charbon est malheureusement abondant et ses capacités de nuisance environnementale ne laissent rien présager de bon de ce côté pour l'avenir.

Des ruptures technologiques sont toujours possibles, par exemple dans le domaine des cellules photovoltaïques, mais le chemin du laboratoire à l'application à grande échelle est long et le miracle ne s'est pas encore produit. Les premiers retours d'expérience sur les biocarburants de deuxième génération seront également à surveiller dans les années à venir.

Petit à petit, chaque filière améliore ses rendements et aucune source d'énergie n'est à négliger. L'avenir sera certainement fait de nombreuses filières différentes et de beaucoup d'économies d'énergie car l'énergie la moins chère est souvent celle que l'on ne consomme pas. La tendance lourde du XXIe siècle sera très certainement à l'augmentation de l'efficacité énergétique.

Chapitre 8
La nécessaire sobriété énergétique

Face à la déplétion du pétrole, nous avons vu qu'aucune source d'énergie unique ne peut prendre le relais. Les prix de l'énergie vont augmenter et nous allons devoir réaliser d'importantes économies d'énergie. Quels gains peuvent être espérés ? Quels usages peuvent être réduits ?

Améliorer le rendement des filières existantes devient une priorité dès que l'énergie se fait rare ou chère. Ces périodes sont d'ailleurs riches en innovations techniques et posséder une structure de recherche efficace est particulièrement important. L'Europe aurait intérêt à rapidement prendre des mesures pour rivaliser avec les États-Unis dans la compétition qui s'annonce. La France et l'Italie sont parmi les pays les plus créatifs au monde[150] ; pourtant ils utilisent mal les procédures de protection industrielle, en particulier le brevet, qui ne semble pas faire partie de notre culture. Il faut dire que tous les jeunes Japonais, Allemands et Américains reçoivent obligatoirement une formation à la propriété industrielle dans leur cursus de formation[151], ce qui n'est pas le cas des Français et des Italiens.

Parallèlement à l'indispensable effort de recherche, nous verrons que les solutions les plus simples sont parfois les plus efficaces et qu'il faut savoir faire preuve de pragmatisme, dans le cas des transports en particulier. Ces solutions, simples ou nouvelles, devraient permettre de diviser notre consommation d'énergie par deux.

L'efficacité énergétique, leitmotiv du XXIe siècle

La baisse régulière de la production du pétrole, du gaz naturel, puis plus tard du charbon va nous conduire à améliorer continuellement l'efficacité énergétique de nos sociétés. D'un point de vue technique, cela revient soit à réaliser des gains de rendement sur les convertisseurs (moteurs, ampoules...) de la source d'énergie à l'utilisation finale, soit à choisir la filière la plus efficace parmi celles disponibles. En prenant un exemple dans le petit électroménager, cela reviendrait soit à choisir un batteur électrique dont le moteur consomme moins, soit à choisir un batteur à main. D'un point de vue social, cela revient à adopter un mode de vie ou une organisation qui conduit à une plus faible consommation.

La consommation d'énergie d'une société est la somme de la consommation de tous les convertisseurs d'énergie (moteurs, chaudières, lampes...). La consommation de chacun de ces convertisseurs dépend de son rendement énergétique et de l'intensité de l'usage que l'on en fait. Par conséquent, baisser notre consommation ne peut se faire qu'en réduisant un ou plusieurs des trois facteurs suivants : nombre de convertisseurs, consommation unitaire des convertisseurs, comportement des utilisateurs.

Réduire le nombre de convertisseurs est une solution très efficace, mais pose le problème de savoir lesquels supprimer et implique généralement une réorganisation. Compte tenu de la hausse de la population au moins jusqu'en 2050, il ne sera pas simple de réduire le nombre de voitures, de chaudières, de camions... On peut toutefois imaginer de supprimer en douceur quelques climatisations superflues ou bien de se passer de la deuxième ou troisième voiture de la famille. Il est possible qu'avec la hausse des prix de l'énergie et quelques crises économiques un certain nombre de convertisseurs disparaissent ou ne soient pas remplacés en fin de vie, surtout dans les pays pauvres. Il s'agit d'un remède brutal, mais qui s'appliquera probablement en dernier recours.

Réduire la consommation des convertisseurs est une solution technique. Cela consiste à faire appel à une technologie offrant de meilleurs rendements. Changer de voiture pour une plus petite, mettre des ampoules basse consommation, isoler sa maison font partie de ce type de solutions. Cela consiste donc à faire exactement la même chose en consommant moins, sans procéder à un changement d'habitude ou de comportement. Le prix élevé ou la rareté de l'énergie sont un encouragement puissant, mais lent, au changement. On ne change pas de chaudière parce que les prix du fioul ont augmenté mais lorsque l'on juge qu'elle a « fait son temps » et on est alors très attentif à la consommation en énergie lors de son remplacement. Il s'agit d'un processus propice aux innovations technologiques. C'est par exemple à la suite de pénuries répétées de bois que le wok, cet ustensile de cuisine entre la casserole et la poêle, a été inventé en Chine, puisqu'il s'agit d'un mode de cuisson parmi les plus économes en énergie. Changer de convertisseur, voire en inventer de nouveaux, nécessite de faire des investissements, parfois lourds, et de réaliser des expérimentations, parfois longues. C'est un processus généralement très étalé dans le temps.

Le troisième facteur permettant de réduire la consommation d'énergie consiste en une modification du comportement des usagers : réaliser la même chose autrement. C'est une méthode souple, et parfois très rapide, qui prend des formes temporaires ou durables. Certaines adaptations peuvent être quasi instantanées, comme réaliser un trajet à pied au lieu de prendre la voiture ou faire appel aux transports en commun. Il peut aussi s'agir de se réorganiser durablement : déménager plus près de son lieu de travail ou de loisir, au choix, pour réduire ses déplacements quotidiens, ou bien, pour une entreprise, se rapprocher de ses clients, fournisseurs ou actionnaires, afin de réduire les frais de transport des uns ou des autres. Naturellement, la hausse régulière des prix du carburant devrait encourager la limitation des déplacements et donc une diminution de la consommation énergétique.

Les espérances de gains

L'amélioration de l'efficacité énergétique se fera logiquement en priorité dans les domaines de prédilection du pétrole. Les grands usages du pétrole sont rappelés dans le tableau suivant.

Figure 8.1 : Usages du pétrole dans le monde.

Transports	50 %
Chauffage individuel et collectif	25 %
Production d'électricité	10 %
Pétrochimie	8 %
Agriculture	3 %
Autres	4 %

Le problème le plus important que nous allons rencontrer est celui des transports, pour lesquels les produits pétroliers sont pour l'instant irremplaçables. Le chauffage et la production d'électricité sont les usages de prédilection du gaz naturel, ils seront aussi très touchés. Quant aux produits issus de la pétrochimie, ils sont omniprésents et difficiles à substituer techniquement. Les tensions sur le marché de l'énergie vont être tous azimuts.

La première voie à explorer est celle de l'amélioration des rendements des convertisseurs. Car s'il existe des solutions techniques à un coût raisonnable, il n'y a aucune raison de penser qu'elles ne seront pas mises en œuvre. La menace du dérèglement climatique pourrait limiter les choix possibles et écarter les solutions les plus polluantes. Il est malheureusement peu probable que cette préoccupation devienne subitement une priorité.

Selon une étude du Commissariat général du Plan [152], il est possible de diviser pratiquement par deux (- 43 %) notre consommation en énergie en utilisant la technologie la plus économe du moment. Le graphique suivant présente les gains regroupés par usages.

Figure 8.2 : Économies réalisables par personne en utilisant les technologies les plus performantes (source : Commissariat général du Plan).

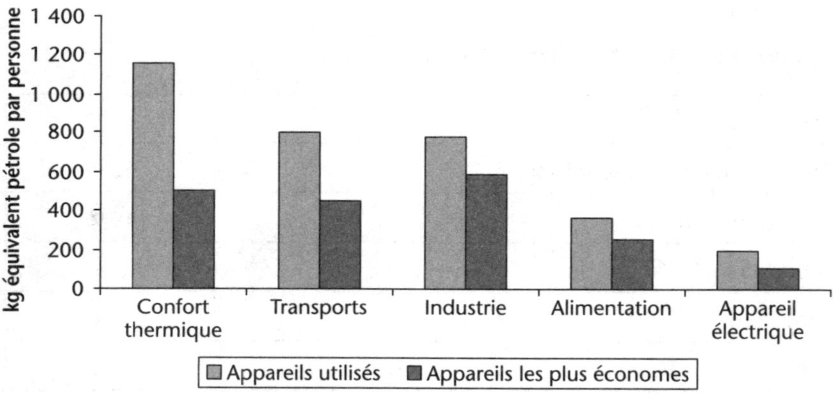

Le confort thermique des habitations et des locaux tertiaires est un secteur long à évoluer mais qui sera très touché par la double déplétion du pétrole et du gaz naturel. Le transport utilise exclusivement du pétrole et sera donc le problème principal. La consommation de ce que l'on appelle l'électricité spécifique (éclairage, électroménager, appareils audiovisuels, froid...) est actuellement en forte hausse, mais le renouvellement de ce type de matériels est rapide et se fera assez facilement.

Les transports, chasse gardée du pétrole

On estime que plus de 95 % des moyens de transport utilisent des produits pétroliers (essence, gazole, kérosène...). Face à la déplétion, la première idée consiste à utiliser des véhicules qui utilisent une autre source d'énergie pour leur propulsion – les plus médiatisés étant la voiture à hydrogène et la voiture électrique. Comme nous allons le voir, ces solutions présentent un potentiel très limité. La deuxième idée, beaucoup plus prometteuse, consiste à conserver les moteurs à combustion actuellement utilisés en les améliorant pour qu'ils consomment moins. Il faut alors trouver des carburants de substitution comme les biocarburants ou des carburants de synthèse. Avant de creuser cette solution et d'envisager le problème du carburant à utiliser, essayons de comprendre quels sont les freins des autres solutions.

Pour comparer différents types de propulsion dans l'automobile, il faut s'intéresser aux rendements des éléments de l'ensemble de la filière. C'est-à-dire, pour la filière actuelle, de l'extraction de la source d'énergie primaire à la mise en mouvement des roues du véhicule en passant par la distribution du carburant en stations-service ; on utilise l'expression « du puits (de pétrole) à la roue[a] ». Toutes les filières ont leurs points faibles et leurs points forts à des endroits différents de la chaîne. Par exemple, les moteurs électriques ont un très bon rendement (85 à 95 %) alors que celui d'un moteur thermique n'est que d'environ 25 %. Mais, en tenant compte des contraintes de la production et du stockage de l'électricité, l'avantage revient à la filière pétrole.

La voiture à hydrogène

Le fonctionnement de la voiture à hydrogène pose de nombreux problèmes ; son grand avantage est de ne rejeter que de l'eau dans l'atmosphère

a. Traduction de l'expression anglaise « *well to wheel* ».

– caractéristique intéressante dans un contexte d'augmentation importante du dérèglement climatique. Le premier problème est que l'hydrogène n'est pas une source d'énergie mais un vecteur énergétique. Il sert seulement à transporter l'énergie comme le fait l'électricité. L'hydrogène n'existant pas dans la nature, il faudra le produire puis, deuxième difficulté, le stocker.

L'hydrogène peut être produit à partir d'hydrocarbures ou à partir d'électricité. Aujourd'hui l'hydrogène est à 99 % obtenu par « reformage » du gaz naturel ou du pétrole[153]. Cette technique revient de 2 à 5 fois le prix des hydrocarbures utilisés[154]. Ce n'est pas une solution au problème de la déplétion du pétrole et du gaz naturel. La deuxième technique employée est l'électrolyse, qui permet de décomposer de l'eau en oxygène et hydrogène. Elle a pour inconvénients une consommation d'énergie importante et un prix élevé. Pour obtenir cette énergie électrique en grande quantité, aucune source n'est à exclure, mais la seule réaliste est aujourd'hui le nucléaire. Pour donner un ordre de grandeur, il faudrait multiplier par deux[155] le parc mondial de centrales nucléaires pour obtenir l'hydrogène nécessaire au remplacement du parc automobile actuel. Or, en faisant abstraction des nombreux problèmes de faisabilité et de coût, se poserait le problème des réserves d'uranium au sujet desquelles les informations sont contradictoires. La production d'hydrogène est donc un problème non négligeable, les nouvelles voies de production explorées sont le craquage à haute température avec la quatrième génération de centrales nucléaires et la production à partir de bactéries. Deux solutions pour l'instant très hypothétiques. Imaginons que ce problème soit résolu et examinons celui, plus gênant, du stockage.

Le stockage de l'hydrogène pose problème. Ce gaz possède deux particularités remarquables qui font intervenir sa masse et son volume. La première est que la quantité d'énergie contenue en fonction de sa *masse* est élevée, ce qui est un bon point, mais il est annulé par la seconde : la quantité d'énergie contenue en fonction du *volume* est très faible, au point de le rendre, de très loin, moins commode que le gaz naturel. Pour stocker l'hydrogène à bord d'un véhicule, il est possible soit de le comprimer, soit de le liquéfier. La compression doit être très importante, entre 400 et 800 bars[b] pour obtenir l'hydrogène suffisant à la propulsion d'une voiture. Or les réservoirs résistant à de telles pressions sont lourds et volumineux puisque composés à 95 % de métal, et il ne reste que 5 % d'espace pour

b. Une pression de 400 bars représente 400 fois la pression ambiante ou la pression qui règne à 4 kilomètres de profondeur sous la mer.

stocker l'hydrogène utile[156]. Par ailleurs, le processus de compression consomme de l'énergie, environ 15 % de celle contenue dans le réservoir. La seconde méthode de stockage de l'hydrogène, la liquéfaction, présente aussi des inconvénients. Le problème du volume est ainsi résolu mais au prix d'une consommation d'énergie équivalant à 50 % de celle contenue dans le réservoir. Par ailleurs, il faut maintenir l'ensemble à – 253 °C, ce qui consomme une faible quantité d'énergie mais continuellement. Ce n'est pas la fin de nos soucis de stockage puisque, l'hydrogène étant parmi les plus petites molécules qui existent, il s'évapore même à travers le métal et la perte est de l'ordre de 1 % par jour[157]. De plus, toujours à cause de cette petite taille, il fragilise les métaux ; il est donc nécessaire d'employer des matériaux spéciaux et coûteux. Les problèmes liés au stockage de l'hydrogène sont liés à ses caractéristiques physiques, cela ne peut donc *a priori* s'arranger, mais imaginons une solution miraculeuse trouvée et voyons quels problèmes pose la propulsion.

La propulsion peut être soit à explosion classique, en utilisant l'hydrogène comme un gaz inflammable bien que sa faible densité énergétique rende cette solution peu intéressante, soit électrique en utilisant une pile à combustible. Ce dispositif offre un bon rendement mais il est très coûteux et sa durée de vie est limitée pour l'instant à 1 000 ou 2 000 heures. Or, de l'aveu même des industriels, cela est encore trop faible ; il faudra atteindre les 5 000 heures pour qu'il existe un véritable intérêt commercial.

Après un recensement des principaux problèmes, il paraît clair que l'hydrogène n'est pas une solution pour un avenir proche et probablement pas une solution du tout. De nombreux scientifiques sont très sceptiques à son égard[158]. Certes des progrès peuvent intervenir, mais il faut savoir qu'il ne s'agit pas d'une technologie récente : le premier moteur à explosion jamais construit était à hydrogène en 1805 et la pile à combustible a été inventée en 1839[159]. Un tel engouement pour cette technologie promise à un si médiocre avenir est surprenant. La raison en est simple : l'hydrogène est un marché important – ce gaz est utilisé pour la fabrication d'engrais et pour l'industrie pétrochimique. La fabrication d'hydrogène consomme déjà 2 % de l'énergie mondiale[160] et cette industrie est portée par un lobby puissant, surtout aux États-Unis. Le gouvernement américain va financer un programme d'étude et de développement à hauteur de 575 millions de dollars pour les cinq ans à venir[161] en partenariat avec plusieurs acteurs industriels, parmi lesquels des constructeurs automobiles et des compagnies pétrolières. La Californie semble particulièrement en pointe avec un projet de réalisation d'un réseau de 30 stations-service à hydrogène avec un objectif de 170 stations en 2010. Le Japon et l'Europe ne sont pas en reste, pratiquement tous les constructeurs automobiles ayant un ou plusieurs prototypes de voitures à hydrogène en cours de réalisation. Autre raison de l'engouement : cette technologie propre à l'usage jouit d'une très bonne image auprès du grand public.

La voiture à air comprimé

Ce type de véhicule propre aurait besoin d'un effort de recherche important, ce qui n'est actuellement pas le cas. Contrairement à l'hydrogène, la technologie de l'air comprimé est très bien maîtrisée – le grand public s'en sert même déjà en plongée sous-marine. Mais le moteur est bruyant et les rendements offerts sont faibles, bien que comparables à certaines voitures actuelles. Pourtant le réservoir d'air comprimé à 300 bars (bien moins que le taux de compression des voitures à hydrogène) offre une autonomie de 200 kilomètres. Cette solution a plus de chances de se généraliser que la voiture à hydrogène[162].

La voiture électrique

Elle fonctionne bien, son rendement est bon ; ses principaux problèmes sont le stockage et la production de l'électricité. Le stockage peut se faire avec des batteries, mais elles sont lourdes et volumineuses. De nombreuses technologies ont été essayées, leur coût les a disqualifiées. Les véhicules électriques qui fonctionnent actuellement utilisent une série de batteries acide/plomb du même type que celles qui équipent les automobiles classiques. Le temps de chargement des batteries est assez long (plusieurs heures) et l'autonomie faible (guère plus de 100 kilomètres). Il faut ensuite produire l'électricité nécessaire en quantité suffisante. Généraliser la voiture électrique impliquerait un recours important au nucléaire. Les véhicules électriques sont une solution essentiellement réservée aux niches (terrains de golf, flottes municipales...)[163]. Ils ne rivaliseront pas avec les voitures à propulsion classique avant longtemps. En revanche, les voitures à double propulsion essence/électricité présentent une solution viable.

La voiture hybride

Elle offre un rendement supérieur aux voitures classiques de 20 % mais coûte plus cher à l'achat. Son mode de fonctionnement semble être une simple complication des voitures actuelles. Un de ses intérêts est de pouvoir utiliser deux types d'énergie : électrique ou carburant classique. L'entraînement des roues se fait par un moteur électrique alimenté par une batterie tampon. Celle-ci est rechargée par un alternateur, lui-même entraîné par le moteur à essence. Un autre avantage est de pouvoir récupérer de l'énergie lors des freinages, grâce à la batterie tampon. La complexité intrinsèque de ces voitures ne leur permettra jamais de devenir moins chères à l'achat que les véhicules à moteur à explosion utilisés actuellement.

Un meilleur usage des voitures actuelles

Les solutions techniques alternatives que nous venons de passer en revue présentent toutes des inconvénients : faible autonomie, production de l'énergie de propulsion complexe et coûts d'achat élevés. L'idée de ne pas effectuer de rupture technologique, de conserver des véhicules utilisant un moteur à explosion mais d'essayer de réduire la consommation sera la solution, au moins pour les quelques décennies à venir. En considérant qu'un véhicule est un outil utilitaire, les axes d'amélioration sont importants. Les constructeurs automobiles pourraient à l'avenir découpler la puissance de motorisation et le standing de l'habitacle, ce qui permettrait de choisir indépendamment la gamme de la voiture et le moteur.

Utiliser systématiquement les véhicules de plus petite motorisation permet de diviser la consommation pratiquement par deux sans rupture technologique. Actuellement la consommation moyenne est autour de 7 litres aux 100 kilomètres[164] alors que les véhicules les plus économes[c] sur le marché consomment 3 litres aux 100 kilomètres pour la Volkswagen Lupo et 4,7 l aux 100 kilomètres pour une Smart essence. Les plus gourmands sont des véhicules tout-terrain (12 litres pour le diesel et 15 litres pour l'essence). Il est également possible de développer des véhicules encore plus sobres et de réduire encore la consommation. Il faudra pour cela changer d'habitudes, accepter de limiter la vitesse de pointe[d] et la « reprise » des véhicules en optimisant encore les véhicules et en réduisant certains équipement comme la climatisation.

Réduire la motorisation de la sorte pose toutefois une série de problèmes, une famille nombreuse ne pouvant décemment pas acquérir une voiture deux places. Les délais de mise en œuvre impliquent que les

---

c. Toutes les consommations sont données pour un cycle mixte (source : ADEME 2003).

d. 10 kilomètres par heure de vitesse de pointe potentielle en plus sur un véhicule entraîne une consommation supplémentaire de 0,4 à 0,7 l aux 100 kilomètres à basse vitesse en ville.

constructeurs s'adaptent, puis que les nouveaux véhicules remplacent ceux constituant le parc actuel. Tout cela prend du temps. D'un point de vue économique, les constructeurs n'ont pas intérêt à une telle mesure puisque leurs marges sont plus faibles sur les petits véhicules. Cependant, si tous les automobilistes refusent d'acheter des voitures énergivores, les constructeurs n'auront d'autre choix que de suivre le mouvement. Il est peu probable que cela se fasse du jour au lendemain. Enfin, si une réduction par deux de la consommation nous conduit théoriquement jusqu'en 2050, se pose à terme le problème du carburant à utiliser.

Durée de vie et survie des véhicules

L'industrie automobile est en perpétuel changement et met régulièrement de nouveaux modèles sur le marché, ce qui constitue un miniévénement faisant parfois la une des journaux télévisés. Il s'agit de l'aboutissement d'un long processus de conception et de déploiement industriel. Les innovations peuvent ne concerner qu'une partie du véhicule (pot catalytique, airbag, climatisation...). Si l'on mesure le temps qui s'écoule entre la prise de décision de mise sur le marché et l'équipement de l'ensemble du parc automobile, on constate que l'écart est très long, de l'ordre de vingt-cinq à trente ans dans les pays industrialisés[165] et un peu plus dans les pays en développement. [Voir « Pénétration d'une innovation dans le parc automobile », p. 175.] Ce délai comprend la conception, la modification et la mise au point des chaînes de montage, la distribution et enfin la propagation à l'ensemble du parc automobile. Il est donné hors mesures incitatives qui permettraient de réduire cette durée à quinze ou vingt ans.

Les innovations considérées ci-dessus restent dans le cadre de la technologie de motorisation actuelle. Si l'on veut imaginer introduire un nouveau type de véhicule, par exemple à hydrogène ou électrique, les délais de fabrication seront allongés.

Pénétration d'une innovation dans le parc automobile

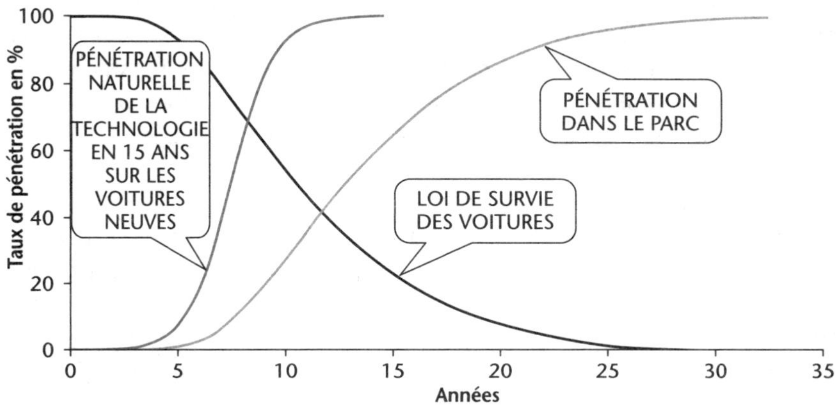

Source : C. Gallez INRETS/ADEME.

La loi de survie des véhicules est le temps nécessaire pour renouveler l'ensemble des véhicules mis en service à une date donnée. On constate qu'il faut vingt-cinq années pour que ce renouvellement complet s'opère, et que par exemple au bout de dix ans pratiquement la moitié du parc a déjà été renouvelé. Lorsqu'une innovation apparaît sur le marché des véhicules neufs, elle met environ quinze ans à équiper tous les véhicules en vente.

Si l'on combine ces deux courbes, on obtient le délai naturel de pénétration dans le parc d'une innovation. « Naturel » car sur le graphique présenté aucune mesure incitative n'est prise en compte. Elles peuvent être de deux types. La première consiste à accélérer la mise sur le marché de l'innovation par la mise en place d'une norme contraignante. La seconde consiste à provoquer une sortie plus rapide des anciens véhicules en renforçant le contrôle technique ou en donnant une prime de type « jupette » ou « balladurette » consistant à offrir une somme d'argent en contrepartie de la destruction de véhicules anciens. Une combinaison de ces deux types de mesures est bien évidemment possible et en pratique permettra de réduire la durée de la pénétration dans le parc de dix ans.

Le carburant de la voiture de demain

En admettant que la solution la plus raisonnable et la plus rapide à mettre en œuvre consiste à conserver nos moteurs thermiques et à les améliorer encore, quel serait le carburant de demain ? En plus des produits pétroliers actuels, il est possible d'utiliser des biocarburants ou des carburants synthétiques. Ces derniers sont constitués de carbone et d'hydrogène.

Les carburants synthétiques

Ils peuvent être produits à partir d'autres hydrocarbures que le pétrole, à savoir le gaz naturel et le charbon. Aujourd'hui, c'est le gaz naturel qui est le plus utilisé pour produire ce que l'on appelle du GTL, terme anglais pour *gas to liquid*. Il s'agit d'un procédé de liquéfaction du gaz inventé en Allemagne en 1923 et qui a été initialement utilisé avec du charbon. Il s'agit d'une méthode coûteuse présentant des rendements médiocres, ce qui explique qu'elle ne soit utilisée que dans les cas extrêmes d'embargo, de guerre ou de blocus. [Voir « Des carburants surtout utilisés en temps de crise », p. 178.] La déplétion est sans doute vue par certains comme un gigantesque embargo pétrolier de la planète, ce qui expliquerait le regain d'intérêt récent pour les carburants synthétiques issus du charbon. Il peut être appelé par analogie CTL *(coal to liquid)*. Un inconvénient de taille de ces techniques est que leur emploi massif provoquerait un accroissement des rejets de CO_2 et donc du dérèglement climatique. Mais ces productions d'hydrocarbures liquides aussi bien à partir du charbon que du gaz ne sont pas de nature à changer la donne ; elles sont par ailleurs prises en compte dans l'estimation de Jean Laherrère.

Les biocarburants

La biomasse est une autre source de production possible de carburants qui présente le double avantage d'être renouvelable et d'offrir un bilan neutre par rapport aux émissions de gaz carbonique. Il existe plusieurs types de biocarburants. Ils sont déjà utilisés mais une nouvelle génération de biocarburants est en train de voir le jour ; elle utilise le même procédé que pour le charbon et le gaz naturel, on peut donc parler de BTL *(biomasse to liquid)*. Les rendements attendus sont plus importants que ceux des biocarburants actuels.

Aujourd'hui, les biocarburants utilisent des plantes particulières (colza, blé, tournesol, betterave, canne à sucre...) que l'on va presser. Puis, par des procédés divers tels que la fermentation et le raffinage, on obtient du carburant utilisable. La faiblesse des rendements est expliquée par plusieurs facteurs. Premièrement, toutes les étapes du processus consomment de l'énergie, sous forme de carburants pour les engins agricoles et de produits pétroliers pour les engrais. Deuxièmement, on n'utilise qu'une partie de la plante, la partie énergétique, le reste (tiges, pailles...) n'est pas valorisé. C'est ce deuxième facteur que l'on va essayer d'améliorer avec les biocarburants de deuxième génération, en utilisant l'ensemble de la masse ligneuse pour produire un carburant à travers une série de processus chimiques et thermiques. Les matériaux utilisables sont le bois, les résidus forestiers, les pailles, les tiges de maïs et toute autre production végétale.

Les biocarburants de deuxième génération en sont pour l'instant à un stade de prototype avancé, des applications sont prévues pour 2010-2015, mais les rendements maximaux qu'il sera possible d'atteindre de manière industrielle dans un premier temps ne sont pas connus. Des estimations du potentiel ont été faites pour l'Europe : celui-ci s'élève à 35 % des besoins en carburants en prenant la consommation de l'an 2000 comme référence[166]. Cette estimation considère cependant que tous les déchets de biomasse disponibles et 17 % des terres arables sont mobilisés à ce seul usage, ce qui paraît beaucoup mais n'est pas irréalisable[e] – avec la première génération de biocarburants, il faudrait plusieurs fois la surface du territoire. En Europe, les pays ayant le meilleur potentiel de production sont les pays scandinaves, l'Autriche, le Portugal, l'Espagne et la France. Les autres pays de l'Europe des Quinze sont en dessous de la moyenne de 35 %.

e. Cette estimation ne comprend pas le bois mais juste les déchets et rebuts forestiers, par contre les consommations induites en énergie (transport, conversions...) ne sont pas prises en compte.

Des carburants surtout utilisés en temps de crise

Franz Fischer et Hans Tropsch ont mis au point le procédé qui porte leur nom en 1923 en Allemagne. Les premières usines ont été construites en 1937. Mais c'est lors de la Seconde Guerre mondiale, quand les approvisionnements du pays en pétrole brut étaient coupés par le blocus, que les Allemands ont eu recours, de manière intensive, à cette technologie pour produire les carburants dont ils avaient besoin. Neuf usines produisaient alors 15 000 barils par jour.

Le procédé consiste à synthétiser des hydrocarbures liquides à partir d'un mélange gazeux provenant de la gazéification du charbon. Comme il faut obligatoirement passer par un état gazeux, les applications au gaz naturel présentent un meilleur rendement.

L'Afrique du Sud, qui possède d'importantes réserves de charbon mais pas de pétrole, a utilisé ce procédé dans les années 1950. C'est à partir de 1982 que la compagnie Sasol a développé le procédé permettant au pays, placé sous embargo économique en raison de sa politique d'apartheid, de s'alimenter en carburants. Actuellement environ 250 000 barils sont produits par jour.

Les coûts importants et les rendements faibles de ce procédé le limitent à des cas d'utilisation extrême (guerre, embargo...). Il est maintenant bien maîtrisé et fonctionne à des températures de 200 °C à 300 °C sous des pressions élevées, ce qui restera consommateur en énergie.

Les moyens de transport les plus efficaces

Pour augmenter l'efficacité énergétique dans les transports, il est possible de se reporter sur les types de véhicules les plus sobres. En toute rigueur, le moyen le plus économe de se déplacer est le vélo, mais il n'est bien sûr pas utilisable en toutes circonstances. Le tableau suivant présente un comparatif des principaux moyens de transport de passagers et tient compte des taux de remplissage moyens.

Figure 8.3 : Comparatif de la consommation au kilomètre par passager de différents moyens de transport (sources : ADEME/SNCF/INRETS/Jancovici).

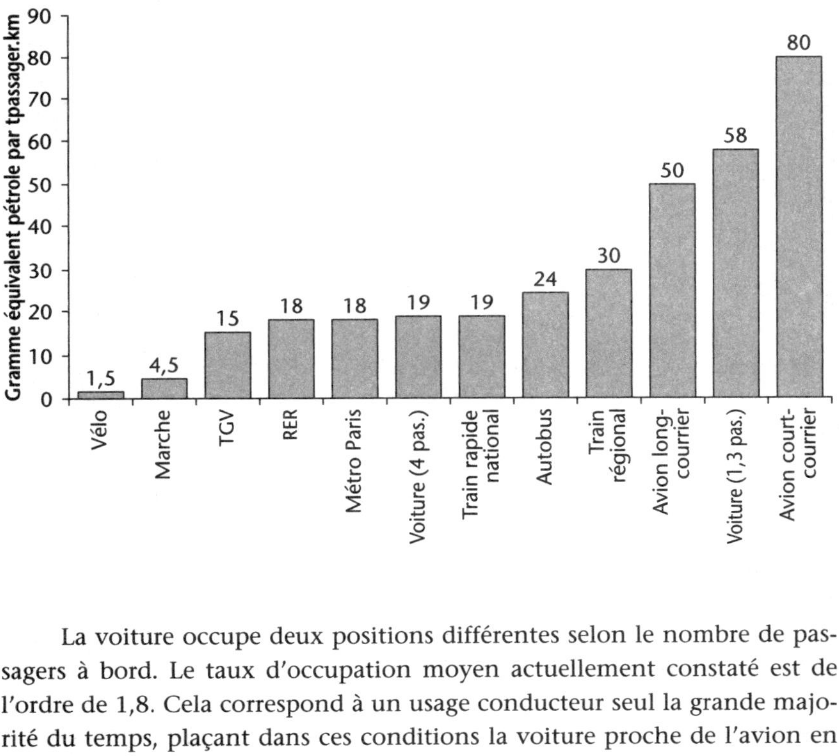

La voiture occupe deux positions différentes selon le nombre de passagers à bord. Le taux d'occupation moyen actuellement constaté est de l'ordre de 1,8. Cela correspond à un usage conducteur seul la grande majorité du temps, plaçant dans ces conditions la voiture proche de l'avion en ce qui concerne la consommation par passager. En revanche, avec quatre passagers à bord, la consommation est comparable au train et au métro. Pour les marchandises, les moyens de transport les plus économes sont le train et le bateau. Mais ils nécessitent d'importantes infrastructures. De plus, le train présente la contrainte de devoir suivre le tracé des voies ferrées.

Rigidité qui explique la préférence actuelle pour le transport routier, plus souple et nécessitant un investissement plus faible. Un report sur ces moyens de transport plus sobres impliquerait d'accepter un ralentissement des échanges commerciaux et demanderait du temps pour construire les infrastructures. La figure suivante présente les principaux modes de transport de marchandises et leur consommation respective.

Figure 8.4 : Comparatif de la consommation des transports de marchandises au poids transporté (sources : Observatoire de l'énergie et Jancovici).

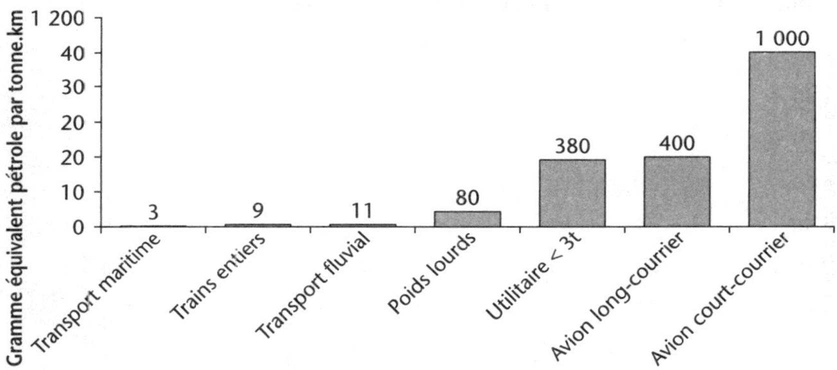

De substantielles économies pourraient être réalisées en transférant le transport de marchandises du camion vers le train ou le bateau. Si le fret ferroviaire n'est actuellement pas compétitif en Europe, ce n'est pas à cause de l'efficacité énergétique mais de contraintes organisationnelles. Le transit des marchandises par le train en Europe atteint en moyenne entre 20 et 30 kilomètres par heure seulement car les systèmes administratifs et techniques ne sont pas harmonisés. Il y a trois largeurs de rails différentes, cinq systèmes électriques et quinze systèmes de signalisation, là où le transport routier se fait en toute continuité. Faute de volonté politique, les quantités de marchandises acheminées par le train diminuent. Pourtant les systèmes de transport combinés train/route existent et sont déjà mis en œuvre, en Suisse notamment, mais leur généralisation nécessite des coûts d'infrastructures gigantesques et sera donc étalée dans le temps.

D'une manière générale, le secteur des transports est enclin à une grande inertie. Cela s'explique à la fois par l'importance des investissements qu'il réclame mais aussi par le grand nombre d'acteurs impliqués ayant chacun leur logique propre. On compte 30 000 entreprises de transport routier en France (90 % ont moins de dix véhicules) et 440 000 en Europe[167]. Le tableau ci-dessous présente des exemples de délais significatifs.

Figure 8.5 : Facteurs d'inertie à la pénétration d'innovations dans le secteur des transports (source : d'après ADEME)[168].

	Facteur d'inertie	Délais
Transport routier	Temps de pénétration d'une innovation chez les poids lourds neufs	Environ quatre à cinq ans
	Temps de pénétration d'une innovation dans l'ensemble du parc de poids lourds	Environ dix ans
Transport ferroviaire	Temps de mise en service d'une infrastructure nouvelle ferroviaire (après décision politique)	Environ douze ans
Organisation des transports	Temps de déploiement d'un changement complet de politique logistique d'une entreprise	De cinq à dix ans
	Temps d'effet effectif de mesures de réduction en valeur absolue du trafic automobile urbain	De quinze à vingt ans
	Temps de réaménagement durable du territoire d'une agglomération	De trente à cinquante ans

On notera que les délais de mise en œuvre des infrastructures publiques sont supérieurs aux durées des mandats électoraux.

De l'isolation à l'architecture bioclimatique

Les économies d'énergie qu'il est possible de réaliser pour le confort thermique aussi bien dans l'habitat individuel que dans le tertiaire sont très importantes. Entrent dans cette catégorie le chauffage individuel ou collectif, l'eau chaude et la climatisation. La diversité des types d'habitation fait qu'il existe autant de techniques s'adaptant à autant de cas particuliers. On peut cependant les regrouper en trois groupes. Celles qui relèvent d'une meilleure isolation des bâtiments individuels ou collectifs, ce qui évite la déperdition de chaleur produite avec les moyens traditionnels : chaudières au gaz, au fioul, au bois, voire au charbon ou radiateurs électriques. Celles qui relèvent de ce que l'on appelle l'« architecture bioclimatique » et qui consistent à capter un maximum d'énergie sous forme essentiellement solaire afin de ne pas ou peu avoir recours à un apport d'énergie extérieure. Et enfin celles, récentes, que l'on appelle les bâtiments à énergie positive, qui, en utilisant les mêmes techniques bioclimatiques, réussissent à dégager un surplus d'énergie.

Meilleure isolation

Cette solution élémentaire est adaptée aux bâtiments anciens, pour lesquels il existe peu de solutions de récupération de l'énergie solaire. C'est la solution qui fut mise en œuvre lors du premier choc pétrolier avec notamment la promotion du double vitrage. En mettant tous les bâtiments anciens aux normes du neuf, il serait possible de réduire en moyenne les factures de chauffage (incluant l'eau chaude) de moitié[169]. La réhabilitation des immeubles anciens est souvent négligée alors qu'elle permet des gains plus importants que le durcissement des normes des bâtiments neufs actuellement privilégié[170].

Architecture bioclimatique

Si les bâtiments anciens peuvent recevoir des capteurs solaires thermiques sur leur toit ou à proximité, l'architecture bioclimatique demande une conception spécifique. Elle ne nécessite pas forcément de haute technologie puisque les vieilles bâtisses aux murs épais restent fraîches l'été et conservent la chaleur l'hiver. Il s'agit tout d'abord de faire preuve de bon sens et de penser à long terme. Un contre-exemple est la bibliothèque François-Mitterrand : idéalement, les livres doivent être conservés à température et humidité constantes et à l'abri de la lumière ; une tour en verre est donc parmi les plus mauvaises idées qui soient pour une bibliothèque, entraînant d'importants frais de fonctionnement (climatisation, aération...).

L'architecture bioclimatique doit répondre à trois impératifs : capter l'énergie, la stocker et la répartir. L'énergie captée est essentiellement de l'énergie solaire, soit avec des capteurs thermiques qui peuvent servir à chauffer l'air ou l'eau à usage sanitaire, soit par les vitres ou baies vitrées. Selon les périodes de l'année, il faudra soit retenir la chaleur soit éviter d'en capter trop. Pour cela du verre filtrant spécial peut être employé mais aussi des volets ou des rideaux. Pour éviter toute partie mobile, car fragile, il est possible d'utiliser des auvents fixes qui laissent passer les rayons du soleil lorsque celui-ci est bas en hiver mais pas lorsqu'il est haut en été. Les problèmes de stockage et de répartition de l'énergie captée sont liés. Ils dépendent de la durée de stockage souhaitée. Voici quelques exemples. Le plancher solaire est un système de capteurs solaires thermiques (environ 1 mètre carré de capteurs pour 10 mètres carrés de plancher)[171] directement reliés à un système de tuyauterie sous le plancher. Le chauffage est maximal pendant la journée mais le liquide (eau et antigel) continue d'émettre de la chaleur une partie de la nuit. Les chauffe-eau solaires nécessitent sous nos latitudes de 3 à 5 mètres carrés de capteurs pour une maison individuelle[172] ; le ballon peut maintenir l'eau à température au mieux quelques semaines. Il est possible de réaliser des stockages intersaisonniers qui fonctionnent sur le même principe mais seront très coûteux car les réservoirs doivent être enterrés et d'un volume de l'ordre de 2 500 à 5 000 mètres cubes.

L'architecture bioclimatique nécessite un investissement de départ plus important. Il faut aussi prendre en compte deux problématiques opposées : bénéficier des technologies les plus avancées d'un côté, avoir les installations le plus simples et robustes possible de l'autre. Des progrès sont continuellement réalisés mais, comme il s'agit d'investissements à très long terme, il faut veiller à minimiser les coûts de maintenance, potentiellement plus élevés avec de la technologie complexe et non éprouvée.

Bâtiments à énergie positive

Dans certains cas favorables, il est possible de dégager un surplus d'énergie qui pourra être fournie aux bâtiments environnants moins avantageusement situés. L'utilisation de capteurs solaires mixtes photovoltaïques et thermiques permet de produire de l'électricité qui pourra aussi alimenter le réseau électrique.

Du recyclage à l'écologie industrielle

L'industrie consomme environ le quart de l'énergie primaire en Europe et 23,6 % en France[173]. L'énergie est un poste de coût pour les entreprises industrielles ; les plus consommatrices font donc déjà des efforts pour réduire leur consommation. Il s'agit essentiellement des industries produisant des matériaux de base (métaux, papier, verre, ciment, aluminium...). Les perspectives d'économies existent mais il faut aussi chercher d'autres voies. La première est le recyclage des matériaux comme le verre ou le papier. Une autre voie est ce que l'on appelle l'« écologie industrielle », qui consiste à optimiser et à valoriser tous les flux de matériaux ou de déchets. Des expériences d'échanges de flux ont même été réalisées. [Voir « La symbiose industrielle, une expérience danoise », p. 185.] Ce type d'expérience ne pose pas de problème technique mais, dans le contexte actuel d'énergie bon marché, est jugée trop contraignante par rapport aux économies réalisées. Les entreprises préfèrent garder leur indépendance et pouvoir changer d'implantation en cas de besoin plutôt que de se lier à des entreprises qui risquent par ailleurs de disparaître ou, elles aussi, de se délocaliser.

La symbiose industrielle, une expérience danoise

La petite ville de Kalundborg abrite une expérience intéressante : quatre entreprises et la collectivité locale ont créé un réseau interdépendant consistant à optimiser l'utilisation de l'eau, à économiser de l'énergie et à réutiliser les déchets.

La symbiose a commencé dans les années 1960 avec l'arrivée d'une raffinerie consommant de grandes quantités d'eau pour son refroidissement. Celle-ci était rejetée dans la rivière la plus proche ; l'usine voisine de production d'électricité a demandé à récupérer cette eau car le fait qu'elle soit chaude facilite le processus de purification qu'elle utilise. Un pipeline a donc été installé.

Une deuxième usine fabriquant du placoplâtre consommait beaucoup d'énergie pour le chauffage du gypse et du plâtre, elle a demandé à utiliser les excès de gaz de la raffinerie comme source d'énergie pour le processus de séchage. Cela n'avait jamais été fait, mais la raffinerie a accepté et un deuxième pipeline a donc été installé. Ensuite d'autres liaisons se sont greffées : une ferme piscicole encore pour l'eau tiède, la raffinerie pour la vapeur d'eau de la centrale électrique, une cimenterie pour les cendres de la centrale à charbon... Progressivement une vingtaine de liaisons ont été mises en place.

Ce type d'échanges s'est fait naturellement, sans planification particulière. Lorsque les différents protagonistes de l'expérience ont pris conscience du fait que leur mode de fonctionnement était peu répandu, ils ont décidé de lui donner un nom et ont parlé de « symbiose industrielle ».

Les acteurs échangeant des flux sont en situation d'interdépendance, c'est actuellement le principal frein au développement de ce type d'expérience. Il n'y a aucun verrou juridique, technique ou économique, mais les entreprises préfèrent aujourd'hui rester indépendantes des autres, quitte à ce que cela leur coûte un peu plus cher en énergie.

Des solutions se dessinant pas à pas

La mise en œuvre de mesures visant à améliorer l'efficacité énergétique sera forcément longue, et ce pour deux raisons : il s'agit pour l'essentiel d'infrastructures lourdes et il ne faut pas faire d'erreur quant aux solutions retenues. Ce deuxième point, pour être pris en compte correctement, demandera généralement une phase pilote et une évaluation par des organismes le plus indépendants possible. Imaginons que nous nous soyons engouffrés dans l'aventure de la voiture à hydrogène ; que d'énergie perdue dans une voie probablement sans issue ! Ces organismes indépendants existent déjà dans tous les pays d'Europe et un certain nombre de bonnes pratiques sont déjà identifiées. Mais d'autres facteurs de ralentissement sont à prendre en compte comme l'acceptation sociale.

Arbitrer entre les différentes solutions à mettre en œuvre consiste souvent à faire preuve de bon sens et à choisir des systèmes simples, voire rustiques, notamment en matière d'installations de chauffage solaire thermique, où les bâtiments s'accommodent mal de systèmes complexes, censés être plus performants mais en réalité plus fragiles et coûteux à l'entretien. Il ne faut pas pour autant tourner le dos aux recherches de pointe puisqu'une seule découverte peut modifier le paysage énergétique. Par exemple la mise au point d'un nouveau moyen de stockage de l'électricité de grande capacité et à bas prix serait de nature à modifier considérablement la donne dans le domaine des transports et des énergies renouvelables, l'inconstance des éoliennes ne serait alors plus un réel problème. Mais toutes les solutions aux problèmes énergétiques ne sont pas techniques, elles peuvent aussi consister à s'organiser différemment.

Chapitre 9
Vers un monde « relocalisé »

« Par grand vent, même les dindons volent. »
Sébastien Dubol

Les économies d'énergie potentiellement réalisables et l'apport des énergies renouvelables sont importants, mais comment s'organiser pour les mettre en œuvre et suivre le rythme soutenu que va imposer la déplétion ?

Nous avons vu que les mesures permettant d'accroître l'efficacité énergétique sont souvent des solutions simples, voire de bon sens, dont la mise en œuvre nécessite une vision à long ou moyen terme. Mais, comme nous le verrons, le système économique actuel est surtout optimisé pour solliciter une utilisation croissante de moyens de transport et raisonner à court terme.

L'intérêt stratégique des transports est tel pour les entreprises qu'il est peu probable qu'elles se restreignent volontairement. Dans tous les cas une relocalisation des activités s'opérera, soit par une hausse importante des prix du baril de pétrole, soit, et c'est le plus probable, lors de la limitation de la quantité de pétrole disponible.

Nous essaierons de voir quels seront les impacts de cette diminution de pétrole disponible sur l'organisation des transports et l'aménagement du territoire. Nous verrons pour finir que la Scandinavie est probablement la région d'Europe, si ce n'est du monde, la mieux placée pour être le foyer du nouveau système énergétique.

Un changement de perspective radical

Il est difficile de s'imaginer ce que sera un monde où l'énergie disponible décroît. Depuis un siècle et demi, notre société a connu la période de progrès scientifiques la plus incroyable de l'histoire de l'humanité, stimulée par la plus importante période de hausse de l'offre d'énergie que l'homme ait connue. La contribution de l'énergie dans le processus de production est généralement sous-estimée, comme le confirme une étude portant sur les économies américaine, allemande et japonaise au cours de la seconde moitié du XXe siècle[174]. Elle montre que le coût de l'énergie ne reflète pas son importance réelle. Ce coût ne représente que 5 à 7 % du produit final[a] alors que sa contribution à la production est de 50 %, soit de 7 à 10 fois plus.

La déplétion va provoquer un mouvement puissant mais lent de l'offre de pétrole. Il ne s'agit pas d'une catastrophique disparition brutale mais d'une baisse d'environ 2 % par an à partir de 2015. Cela correspond à une division par deux de l'offre de pétrole en cinquante ans, ce qui va nécessiter d'importants efforts, d'autant plus que la production de gaz naturel devrait décroître à partir de 2030. Nous allons devoir passer d'une logique du « toujours plus » à celle du « toujours moins ».

La baisse réelle que subira un pays donné est impossible à estimer précisément. Nous considérerons pour la suite qu'elle est de 2 % par an. Plusieurs facteurs contradictoires rendent difficile l'estimation de cette baisse. Voyons deux exemples ayant une forte probabilité de se produire simultanément. Le premier est une sélection par les prix du pétrole : avec la hausse, les pays riches sont servis et les autres non. Le second est une diminution plus rapide que prévu de la production de certains pays exportateurs de pétrole pour ménager leurs réserves. Par exemple la Russie, qui exporte de l'ordre de 6 millions de barils par jour, pourrait facilement prétexter des problèmes techniques ou orchestrer des grèves afin de réduire sa production de quelques millions de barils par jour.

Essayons pour la suite d'envisager le cas simple d'une baisse se déroulant dans un climat raisonnablement tendu et non pas de guerre civile ou de guerre mondiale. L'AIE estime les besoins en pétrole et produits pétroliers pendant les trente années à venir à plus 1,6 % par an. Ajouté aux 2 % de

a. Contre 5 à 21 % pour le travail et 35 à 45 % pour le capital.

baisse, cela représente un manque de 3,6 % par rapport à la situation actuelle.

La dynamique du capitalisme

Notre système économique n'encourage naturellement pas à réaliser des économies d'énergie, à utiliser des énergies renouvelables et à réduire les transports. Au-delà de l'évidence, comprendre les freins structurels à l'efficacité énergétique nécessite de comprendre la dynamique du capitalisme et du libéralisme qui trouve ses racines à la fin du Moyen Âge et s'est renforcée à la révolution industrielle. L'historien Fernand Braudel explique ses principes de fonctionnement dans un ouvrage intitulé *La Dynamique du capitalisme*[175], faisant la nécessaire distinction entre économie de marché et capitalisme. Afin d'éviter tout débat idéologique autour du capitalisme, il préfère parler du capital et des capitalistes, qui sont des éléments tangibles. Son analyse s'arrête au XVIIIe siècle mais, de ses propres dires, elle est toujours d'actualité. Débuter l'analyse à son origine permet de surcroît d'être plus clair mais aussi de mettre en avant les progrès que le capitalisme a permis de réaliser. Personne ne souhaiterait revenir aujourd'hui à un mode de vie tel qu'il existait au Moyen Âge, avec des conditions d'hygiène déplorables et une espérance de vie de l'ordre de trente ans, pour ne citer que les exemples les plus frappants.

Selon Fernand Braudel, les activités de production et d'échange peuvent être divisées en trois. La majeure partie de l'activité humaine se situe dans ce qu'on peut appeler le « hors marché », représentant toutes les petites actions quotidiennes et routinières, l'autoconsommation ou les tâches domestiques. Les deux catégories suivantes sont des subdivisions du marché qui cohabitent et dont les frontières sont parfois floues. D'un côté le marché que l'on peut qualifier de « libre » ; de l'autre celui qui est « orienté » ou plutôt « biaisé ». Le premier concerne des échanges parfois routiniers et à courte distance, comme le blé ou le bois venant de la ville voisine. Ce qui caractérise ces échanges est le fait que les acheteurs connaissent les prix aux deux bouts de la chaîne et qu'il n'y a généralement pas ou peu d'intermédiaires. Le marché dit « biaisé[b] » a un caractère aléatoire, il fuit la transparence et le contrôle. L'acheteur ira parfois effectuer ses négociations dans

b. Fernand Braudel utilise les termes moins directs de : « vie matérielle », « marché A » et « marché B ».

une auberge en marge de la ville ou acheter les biens directement chez le petit producteur, ce qui lui évitera une mise en concurrence, mais l'obligera à fournir une contrepartie qui consistait bien souvent à payer comptant. L'échange est par nature inégal dans la mesure où le marchand est le seul à connaître le marché aux deux bouts de la chaîne ; et plus celle-ci s'allonge, plus la fixation des prix échappe aux règles de contrôle. Le marché « biaisé » est réservé à la classe des marchands et des négociants qui sont les seuls à pouvoir investir suffisamment de capital dans de longues expéditions maritimes lointaines ; ce sont eux que Fernand Braudel appelle les « capitalistes ». Cela ne veut pas dire que le capital soit exclu du marché libre, mais les capitalistes en font un usage professionnel.

Du côté de la production, les artisans, paysans et ouvriers sont spécialisés dans un métier, leurs activités font généralement partie du marché libre ou du hors marché. Le passage de l'un à l'autre est fréquent, un artisan itinérant qui va de bourg en bourg vendre ses services de rempailleur de chaises, par exemple, est dans le domaine du marché libre, mais s'il retourne dans son village d'origine pour aider aux vendanges, il passe alors « hors marché ».

Les capitalistes ne s'intéressent pas aux activités de production ; ce qui leur importe est de trouver les meilleures opportunités en réalisant leurs transactions. S'ils ne se spécialisent pratiquement jamais dans un secteur d'activité particulier, c'est probablement dû au caractère fluctuant des possibilités d'investissement, le capitalisme étant par essence conjoncturel. Pour « biaiser » les marchés, ils utilisent la spéculation, les jeux de crédits et de monnaies, mais surtout ils jouent sur l'éloignement entre acheteurs et producteurs. Ils organisent des chaînes logistiques complexes et efficaces et tirent profit de la différence d'information entre l'acheteur et le producteur. Ils gardent leurs tractations secrètes ; par exemple, un marchand hollandais écrivait au XVIIIe siècle à un de ses confrères de Bordeaux en lui recommandant de ne pas ébruiter leurs projets : « Il en serait de cette affaire comme de tant d'autres où, dès qu'il y a de la concurrence, il n'y a plus d'eau à boire[176]. » Leurs capitaux sont mobiles et leur accumulation se réalise souvent, petit à petit, sur plusieurs générations, de père en fils, selon un cheminement fragile qui peut être rapidement interrompu, notamment si le fils n'est pas capable de poursuivre l'activité familiale.

Pour pouvoir prospérer, le capitalisme a besoin de stabilité sociale ; en réalité, il a besoin de plus que cela : de la bienveillance ou de la complicité de l'État. « Le capitalisme ne triomphe que lorsqu'il s'identifie avec l'État, lorsqu'il est l'État[177]. » Plus l'État est faible et plus le capitalisme est puissant, c'est ce qui explique par exemple que le capitalisme ait souvent été moins prospère en France qu'en Angleterre. Une des raisons de la domination de l'Occident sur le reste du monde est que les régions hors d'Europe possédaient initialement des États forts. La Chine et les pays de l'islam, par exemple, organisaient l'instabilité des élites économiques pour s'assurer qu'elles ne prennent pas trop d'importance et surtout de pouvoir.

Le capitalisme, un art parasitaire...

Aujourd'hui, le fonctionnement général du système économique n'a pas changé, mais les acteurs économiques ont pris des formes nouvelles. Les artisans et les paysans de la fin du Moyen Âge qui échangeaient leurs biens sur un marché libre sont devenus des PME ou des exploitants agricoles. Les capitalistes professionnels, autrefois de grands marchands ou négociants, sont devenus des multinationales, des groupes de grande distribution ou des holdings. Il faudrait d'ailleurs probablement entendre « libéralisme » là où Fernand Braudel disait « capitalisme ».

Le capitalisme est un système robuste, mais il faut comprendre ses points forts, sa nature et ses limites. C'est actuellement le seul système qui sache allier liberté, souplesse et progrès techniques. Sa structure est très décentralisée et ses échanges s'opèrent sur des marchés très souples. La concurrence des différents acteurs économiques les pousse à se remettre en cause, ce qui est une incitation à l'innovation. Il n'est pas aisé de prospérer, voire de survivre dans ce système. Mais la nature même du capitalisme, et surtout du libéralisme, est parasitaire et inégalitaire. C'est un système qui se paye sur le dos de la bête et joue sur la différence d'information des acteurs et leurs faiblesses pour s'imposer.

L'échec de l'expérience communiste a montré la difficulté de vouloir gérer un système de manière centralisée. Ce régime est vite tombé dans une forme de rigidité et de sclérose. Mais la politique libérale actuelle insufflée par Washington, et acceptée par l'Europe, est tout aussi inepte car elle favorise le caractère fondamentalement parasitaire du capitalisme et sa propension à s'étendre, quitte à mettre la planète en danger en déréglant le climat. Il n'existe aucune intelligence globale du capitalisme qui ne s'arrêtera de lui-même que faute de ressources naturelles à épuiser. La pression exercée par le système capitaliste libéral rend difficile la tâche de ceux qui sont du mauvais côté de la barrière, c'est-à-dire les acteurs du marché libre : petits entrepreneurs, cadres et salariés.

... entraînant une vision à court terme et une situation chaotique...

Parmi les formidables progrès technologiques, deux ont permis de renforcer le jeu du capitalisme et de le faire passer de « parasitaire », comme il était jusqu'au XVIIIe siècle, à « majoritaire », comme il l'est depuis quelques décennies. Le premier est le progrès des transports modernes, propulsés au charbon puis au pétrole, et dont le prix a considérablement baissé. Grâce à eux, le commerce et les échanges sont à la fois multipliés et plus rentables. La souplesse qu'ils offrent permet des changements de fournisseurs et de sous-traitants rapides. Les opportunités de « biais » sont ainsi multipliées.

La seconde technologie qui renforce le jeu du capitalisme est celle des télécommunications. Elles permettent de rendre le capital très mobile, la majorité de la monnaie circulant aujourd'hui sous forme numérique (85 %). Le capital peut passer rapidement d'une entreprise à l'autre par le jeu des Bourses internationales notamment, ou bien échapper aux impôts grâce aux paradis fiscaux.

Si au XVIIIe siècle il fallait immobiliser du capital pendant parfois un an entre l'envoi de courriers par bateau et le transport des marchandises d'un bout du monde à l'autre, aujourd'hui il faut cinq semaines. Cette double accélération des transports et de la circulation du capital crée une situation quasi chaotique. La rapidité des transports met une entreprise en concurrence avec presque toutes les autres entreprises de son secteur dans le monde entier, grâce aux prix très bas des transports, maritimes notamment. La rapidité de déplacement des capitaux met les entreprises en concurrence entre les différents secteurs de l'économie puisque le capital ira là où les perspectives de gains sont les plus importantes. Le critère est bien la recherche du niveau de rentabilité le plus élevé possible (souvent de l'ordre de 15 %) et non un projet industriel.

Dans ces conditions, une entreprise doit être réactive et pouvoir s'adapter rapidement puisqu'il existe très peu de certitudes. Aucune entreprise ne peut être tenue pour responsable en particulier, chacune doit être prête à changer de fournisseur ou de marché rapidement. Tant que ce système est en vigueur, en changer n'est pas à l'ordre du jour, il est inutile d'espérer une baisse de la consommation de pétrole dans les transports avant que la déplétion ne crée une pénurie physique.

... ainsi qu'une démotivation généralisée des salariés

La pression induite par le libéralisme met les entreprises dans une situation doublement difficile puisque le contexte économique est chaotique. Pour s'adapter, une stratégie consiste à se séparer des divisions non suffisamment rentables. Une autre stratégie de survie est la fusion, au cours de laquelle deux groupes espèrent opérer des gains de productivité mais surtout réduire leur incertitude en augmentant leur taille. Dans tous les cas, les entreprises ne sont plus en mesure d'être loyales avec leurs salariés, qui seront licenciés en cas de nécessité ou de fusion, et ce indépendamment de la qualité du travail fourni. Les salariés sont de plus en plus rares à se « surinvestir » comme ils le faisaient dans les années 1980. Les salariés font leur travail, mais sans aucune illusion, et s'en vont à la première bonne occasion qui leur est offerte[178]. Le symbole de ce mouvement de ras-le-bol généralisé est le succès du livre *Bonjour paresse*[c], qui préconise d'en faire le moins possible en entreprise et dénonce un discours managérial abscons visant à créer une motivation à laquelle plus personne ne semble croire. Dans ce mouvement de démotivation général, les hommes politiques ne sont pas épargnés puisque eux seuls ont le pouvoir de modifier les règles du jeu économique. Mais devant leur impuissance ou leur manque de courage, ils sont implicitement accusés de « laisser-faire » et une partie de la population se détourne, non sans risques, des partis traditionnels, comme on a pu le voir lors du scrutin présidentiel d'avril 2002 où le candidat d'extrême droite Jean-Marie Le Pen a atteint le second tour de l'élection.

Les crises pétrolières n'ont jamais suffi à freiner les transports

Les transports représentent le principal débouché du marché pétrolier, et une hausse du prix du pétrole devrait, en théorie, réduire leur consommation. En réalité, ils sont tellement bon marché que ce ne devrait pas être le cas tant que le pétrole est disponible, sauf pour les matériaux pondéreux de faible valeur (ciment, minerai...). Par ailleurs, une étude réalisée aux

c. Corinne Maier, *Bonjour paresse*, Paris, Michalon, 2004.

États-Unis révèle que les industriels sont prêts à payer 0,8 % de plus de la valeur du bien transporté pour le voir arriver un jour plus tôt[179]. Cela montre bien l'importance des transports et relativise les effets d'une hausse du prix du pétrole sur le transport de biens à forte ou moyenne valeur ajoutée.

La manière dont s'est déroulée la première période de crise pétrolière est très instructive. Le choc pétrolier intervient fin 1973. Il s'agit d'un signal clair et fort qui est suivi d'une prise de conscience de la dépendance au pétrole et de mesures d'économie (la « chasse au gaspi »), alors que les prix sont brutalement multipliés par quatre. On pourrait penser qu'il s'est ensuivi une baisse de la consommation de pétrole. Eh bien non ! Mis à part une réaction rapide l'année suivante, la consommation totale de pétrole augmente pendant six ans, jusqu'en 1979, date du deuxième choc pétrolier, avant de baisser de 13 % en quelques années. Dans le même temps, le volume des transports a augmenté, comme l'indique le graphique 9.1 concernant les transports de voyageurs (la tendance est absolument identique pour les transports de marchandises).

En Europe, par exemple, le nombre de véhicules a plus que doublé entre 1970 et 1990[d]. Certes la consommation unitaire des voitures a également baissé, mais pas suffisamment pour empêcher une hausse globale de la consommation du pétrole dédiée aux transports. On assiste à une tendance à la spécialisation du pétrole comme carburant puisque la part qu'il représente dans la consommation totale est en hausse. Le graphique 9.2 représente la moyenne mondiale. Les pays industrialisés de leur côté utilisent une part un peu plus importante (de 5 % environ) de pétrole pour les transports que les pays en voie de développement.

Il apparaît qu'avec un signal très fort et très net (un embargo) les premières crises pétrolières n'ont pas provoqué de baisse durable et significative de la consommation de pétrole en dix ans et aucune baisse de celle dédiée aux transports, donc avec un signal flou la crise actuelle a toutes les chances de faire de même. Il existe toutefois quelques différences avec la situation des années 1970, puisque la voiture est de plus en plus perçue comme un objet utilitaire et la conscience écologique des conducteurs est plus développée. Mais cela suffira-t-il à faire une différence ? C'est peu probable.

---

d. Le nombre de véhicules pour 1 000 habitants de l'Europe des Quinze passe de 184 en 1970 à 291 en 1980, puis à 393 en 1990 (source : DG Énergie et Transport).

Figure 9.1 : Transports de passagers dans l'Europe des Quinze par mode de transport (source : Commission européenne, 2001).

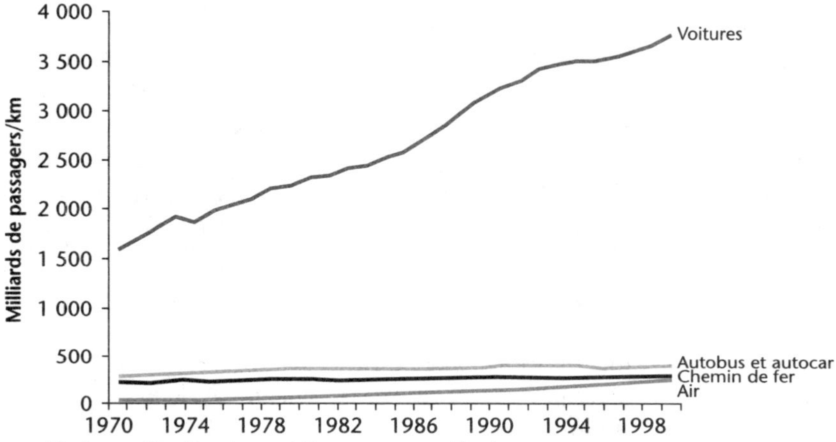

NB : Passager/kilomètre = transport d'un passager sur un kilomètre

Figure 9.2 : Part du transport dans la consommation totale de pétrole dans le monde (source : AIE 2004).

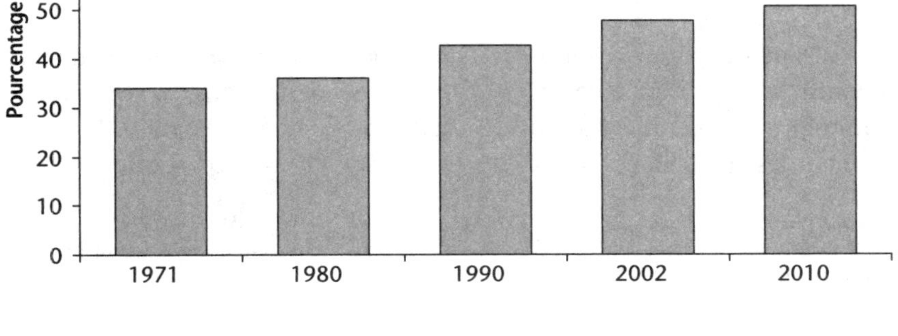

Quel peut être le déclencheur d'une prise de conscience ? Il s'agit d'un élément important de la crise actuelle. Est-ce qu'un baril à 100 dollars serait susceptible d'entraîner des réactions ? À moins que ce soit 200 dollars ? Faut-il une déclaration officielle des chefs d'Etat ? Un choc pétrolier du même type que celui de 1973 ? Est-ce que le fait que les prix redescendent à 30 dollars le baril doit nous faire oublier le pétrole ? En fait il s'agit d'une prise de conscience progressive où chacun doit se faire son idée avec l'information dont il dispose, ce qui peut prendre du temps. Il faudra ensuite qu'un consensus politique se dégage et que des actions significatives soient mises en œuvre. Pour être efficaces, elles seront par nature antilibérales.

Une démondialisation partielle

L'inertie de notre organisation économique et sociale ne permet sans doute pas de remise en cause préventive en dix ans seulement de notre politique de transports. Nous avons vu que les facteurs favorisant leur développement sont multiples : l'intérêt économique et stratégique qu'ils représentent pour le commerce, à quoi s'ajoute la valorisation actuelle de la mobilité. De nombreux messages publicitaires y font allusion, aussi bien pour l'automobile elle-même que pour les téléphones portables, les ordinateurs portables ou les voyages à bas prix. Un monde de mobilité et de liberté s'offre à nous.

Même si une prise de conscience rapide s'opère, nous n'arriverons pas à arrêter la « machine infernale » que nous avons construite autour de la mobilité depuis plus d'un siècle sans modifier les règles du jeu libéral.

Le rythme de la déplétion, 10 % tous les cinq ans, sera probablement trop rapide pour que la seule dimension technique de la solution suffise, en particulier dans le domaine des transports. Une réorganisation rapide devrait toutefois permettre de gagner très rapidement de 5 % à 10 %[e], ce qui donnera quelques années de répit. Il va être nécessaire de limiter les déplacements à effectuer et relocaliser les activités, en commençant par les plus vitales.

Dans un premier temps, la hausse des prix du baril ne devrait que ralentir la « machine infernale ». Dans un second temps, la déplétion va imposer une tendance inexorable à la baisse de consommation. Progressivement les coûts élevés du pétrole et de l'énergie vont se répercuter sur le

e. Il s'agit d'une analogie avec la petite baisse constatée entre 1973 et 1975, avant de voir la consommation repartir à la hausse.

prix des matières premières et des biens manufacturés, créant des différences de prix suivant les méthodes de production. Le plus probable est que les ajustements se réalisent à l'occasion de crises économiques et politiques. C'est peu réjouissant certes, mais inhérent à toute redistribution des cartes du pouvoir. Ces crises seront d'une ampleur d'autant plus faible que les enjeux seront connus de tous et qu'un consensus se sera opéré sur les solutions techniques et politiques à mettre en œuvre.

Lentement le réseau de transports international qui a mis un siècle à se déployer va se rétracter. L'ordre et l'ampleur des événements seront probablement dictés par les lois de la physique. Les moyens de transport les plus gourmands seront touchés les premiers : avions, transport routier, voitures individuelles. Mais la mondialisation actuelle ne concerne pas uniquement les transports et c'est en ce sens que la « démondialisation » sera partielle, il ne s'agira pas d'un retour en arrière. Les télécommunications consommant peu d'énergie, nous garderons un contact potentiel avec le monde entier, et les idées continueront à circuler. Un certain nombre de problèmes enfin sont planétaires et nécessiteront d'une manière ou d'une autre une coordination internationale : en premier lieu le dérèglement climatique et le problème de la répartition des ressources énergétiques, mais aussi la gestion des ressources forestières dans les pays pauvres, une source d'énergie de substitution aux produits pétroliers.

De l'intérêt du maintien de la cohésion sociale

Il n'y a aucune raison pour que les rapports de forces que l'on rencontre habituellement entre salariés et employeurs disparaissent. De nouveaux enjeux de négociation vont voir le jour, par exemple la comptabilisation du temps de transport. La convention adoptée actuellement veut que ce soit le salarié qui paye le temps de transport. Ce dernier n'est pas comptabilisé dans le temps de travail, mais il est probable qu'à l'avenir le temps entre dans le champ des revendications sociales.

On peut imaginer deux tendances d'organisation sociale. La première, sur le modèle de la révolution industrielle ; la seconde voulant que l'homme s'adapte aux rythmes de la nature et à la disponibilité des énergies renouvelables et donc travaille moins.

Les tentatives d'« asservissement », qui ne manqueront pas de survenir, prendront des formes différentes de celles que l'on a rencontrées par le passé car l'époque a changé. Les formes de lutte sociale changeront probablement aussi. Il n'y a plus de pavés à transformer en projectiles, mais les téléphones portables permettent d'organiser des manifestations en moins d'une heure, comme ce fut le cas en Espagne en mars 2004. Pourtant tout le monde aurait intérêt à ce que la cohésion sociale soit maintenue pour que l'économie puisse tourner au mieux, sans être perturbée.

En Occident, nous sommes dans une telle situation d'abondance qu'il n'y a pas *a priori* de risque de pénurie de nourriture, ce qui serait le plus grave à craindre. En revanche, la hausse des prix du pétrole va rendre plus coûteux les biens alimentaires, ce qui dans notre système actuel est susceptible de placer les personnes les plus vulnérables dans une situation difficile. Il s'agit d'un problème de partage, un problème social par excellence. Essayons d'imaginer les principaux changements à venir dans le cas où la transition se déroule dans de bonnes conditions, avec une cohésion sociale et une sécurité assurée pour le plus grand nombre.

L'aviation coopérative

Le transport aérien sera le plus touché des moyens de transport. Le carburant représentant le tiers environ des frais d'exploitation, une multiplication du prix du baril par quatre ou cinq revient à un doublement des frais d'un vol. Bon nombre de compagnies risquent de se retrouver rapidement en difficulté.

Le tout nouvel Airbus A 380, censé entrer en service en 2006, n'arrivera pas au meilleur moment. Ce gros porteur de 550 passagers risque d'être difficile à remplir. Cependant moins gourmand en kérosène que les avions de conception plus ancienne, il n'est pas dénué d'intérêt, à condition que les compagnies aériennes acceptent d'investir. Les compagnies aériennes essaient déjà de réduire le nombre de places vides par appareil ; cette préoccupation pourrait conduire à modifier le concept même de compagnie aérienne. Aujourd'hui elles affrètent un avion entier, demain elles pourraient louer des parties d'avion. Sur un vol de Paris à New York, Air France prendrait 300 places, American Airways 200 et Lufthansa 50 par exemple. Il faut savoir que la concurrence est particulièrement coûteuse en énergie puisque deux vols d'appareil de 250 places consomment plus qu'un seul de 500.

Et vogue le navire

Le bateau est le mode de transport le plus économe, de très loin. La partie maritime du convoyage d'un produit fini textile de la Chine à l'Europe représente un coût inférieur à 2 centimes d'euro ! Avec un baril de pétrole à 2 500 dollars, ce coût n'atteindrait pas 1 euro. Autant dire que seule une pénurie physique de carburant causée par la déplétion pourra réduire le volume de ce type de transport. Seuls les produits pondéreux à faible valeur vont être pénalisés, comme le ciment que la Chine vend actuellement aux États-Unis. Par un jeu de chaises musicales, les produits à plus faible valeur ajoutée ne pourront plus être transportés puisqu'une partie du fret aérien va se reporter sur la navigation maritime déjà saturée.

Dans un premier temps, il sera possible de ralentir les bateaux pour économiser du carburant, mais réduire le nombre de rotations réduit la capacité de transport, crée des pénuries et fait grimper les prix. À très long terme, les bateaux à vapeur, voire à voiles, pourraient refaire leur apparition. Mais développer une flotte maritime est très long et coûteux.

Actuellement c'est l'accès à l'intérieur du territoire asiatique, l'atelier du monde, qui est difficile. Les activités de production vont devoir se déplacer le long des côtes ou des fleuves, ce qui limitera beaucoup la surface disponible déjà saturée, puisque l'on passe d'une surface occupée à une simple bande de terre. Pour maintenir des coûts de production bas, s'opèrent aujourd'hui des délocalisations internes à l'Asie ; les usines sont déplacées à l'intérieur des terres. La saturation de l'espace est un facteur de renchérissement ; le prix du mètre carré à Hongkong et à Singapour, des exemples extrêmes, est plus élevé que celui constaté dans les capitales européennes.

Partout dans le monde, les côtes vont devenir des zones très intéressantes et ce pour deux raisons majeures : l'accès aux transports maritimes et le potentiel d'énergies renouvelables disponibles. Les fermes éoliennes offshore et les différentes formes de thalasso-énergie vont faire des zones côtières de véritables eldorados.

Le transport de passagers par bateau pourrait refaire son apparition. Les croisières transatlantiques ont été abandonnées au profit de l'avion, leur renouveau bénéficierait de la technologie moderne. Une traversée ne serait plus dix jours coupés du monde grâce aux moyens de télécommunication actuels (Internet, téléphone, satellites...).

Le commerce de proximité

Les transports terrestres seront fortement touchés par la déplétion. Les premiers effets seront probablement de réorganiser le commerce en réduisant les distances de transport de marchandises. En Europe les transports routiers sont proches de la saturation, mais lorsque l'on regarde le contenu des cargaisons, il apparaît qu'un certain nombre de trajets pourront aisément être supprimés. Par exemple, une des plus grandes fabriques de yaourts d'Europe est en Grèce ; le lait étant assez rare dans ce pays, il vient principalement d'Allemagne. Autre exemple : des pommes de terre cultivées aux Pays-Bas sont lavées et épluchées en Italie avant de revenir aux Pays-Bas[180].

Le fait de placer les hypermarchés à la périphérie des villes est une source de dépense d'énergie supplémentaire puisqu'il faut s'y rendre en voiture. Une étude de l'INRETS (Institut national de recherche et d'études sur les transports et leur sécurité) montre que les commerces de proximité placés au centre des villes permettent une dépense globale d'énergie deux fois moindre[181]. Les marchés de quartier et épiceries auxquels il est possible de se rendre à pied ont donc un bel avenir devant eux.

L'industrie a adopté un modèle de fonctionnement faisant appel à une sous-traitance à flux tendu, c'est-à-dire qu'une partie de la production est confiée à une entreprise tierce qui doit approvisionner le fournisseur « juste à temps » pour éviter les stocks coûteux. Cette organisation est très vulnérable aux ruptures d'approvisionnement que la déplétion ne va manquer de provoquer, rendant ce modèle économiquement moins rentable.

Internet pourrait permettre de mettre en relation les clients et les fournisseurs les plus proches et éviter des transports inutiles. La promesse initialement faite par ce nouvel outil de communication, faire du commerce directement du producteur au consommateur, pourrait se réaliser sous la contrainte de la déplétion.

L'exode urbain

Face à la baisse de l'énergie disponible, la campagne offre un certain nombre d'avantages qui pourraient la rendre plus attractive à long terme : de la nourriture à proximité avec des frais de transports réduits, de la biomasse utilisable comme carburant ou bois de chauffe, de l'espace pour installer des éoliennes et des capteurs solaires et la possibilité d'appliquer des techniques d'architecture bioclimatique avancées.

L'avenir de l'agriculture à très long terme sera certainement « bio » puisque ce mode de production n'utilise pas de produits chimiques de synthèse, engrais ou pesticides, contrairement à l'agriculture industrialisée. Le prix des engrais et des pesticides suivant d'assez près celui du baril de brut, on peut imaginer que les exploitants agricoles vont tenter de réduire leur usage. Les produits issus de l'agriculture biologique coûtent en moyenne 30 % plus cher que les produits traditionnels[182], mais la hausse du prix du pétrole ne devrait pas tarder à annuler cet écart. Par ailleurs, l'agriculture biologique nécessite plus de main-d'œuvre que l'agriculture industrielle et les rendements obtenus sont inférieurs de 30 à 50 %, ce qui devrait entraîner une baisse des volumes produits et une hausse des prix des produits agricoles.

De leur côté, les agglomérations urbaines offrent un bilan plus contrasté, les zones à faible densité engendrant de plus fortes consommations dans les transports. Les villes à forte densité semblent pouvoir adopter facilement un régime énergétique sobre grâce à la marche à pied, aux déplacements à vélo et aux transports en commun. [Voir « Les villes denses énergétiquement plus efficaces », p. 202.] En revanche, la vie pourrait y être un peu plus onéreuse, compte tenu du convoyage nécessaire des denrées alimentaires. Les banlieues éparses, surtout pavillonnaires, engendrent généralement des déplacements en voiture, voire une dépendance à la voiture ; par contre plus d'espace est offert pour le solaire thermique et les techniques bioclimatiques.

Les villes denses énergétiquement plus efficaces

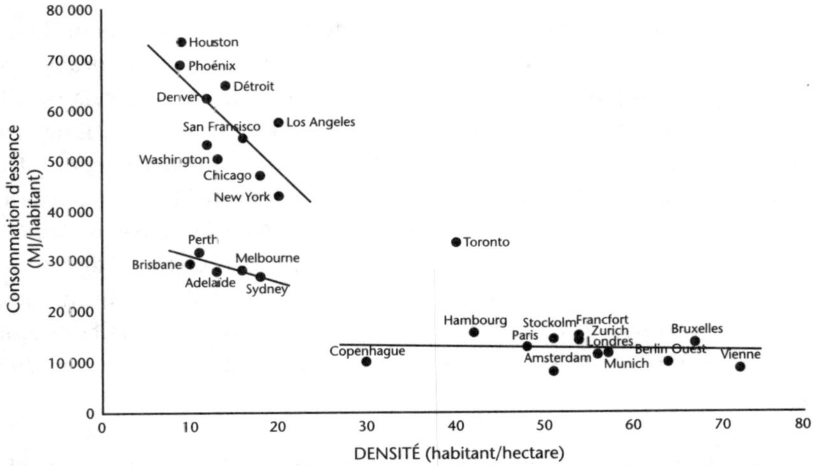

(Source : Newman et Kenworthy, 1989).

La densité des villes est un facteur de réduction de la consommation d'énergie dédiée aux transports. Les villes des États-Unis, très étalées avec de vastes banlieues, nécessitent plus de carburant que les villes plus denses d'Europe. Même en ramenant dans les calculs la consommation unitaire des voitures américaines au niveau de celle, plus sobre, que l'on rencontre en Europe, la consommation des villes américaines reste trois fois supérieure. De plus, les transports en commun ont une rentabilité très faible dans ces agglomérations éparses ; ils sont souvent abandonnés, ce qui renforce la dépendance à l'automobile.

Le graphique ci-dessus présente la consommation d'un habitant en fonction de la densité d'un certain nombre de villes dans le monde. La consommation dépend de la densité et d'autres facteurs tels que le prix des carburants à la pompe – les taxes étant plus importantes en Europe, cela encourage la sobriété.

Transports terrestres et fluviaux optimisés

Aujourd'hui les transports ne sont pas payés à leur véritable coût. Une plus grande transparence aurait pour avantage de favoriser le rééquilibrage. Les transports routiers sont subventionnés alors qu'ils sont moins efficaces que le rail ou le transport fluvial.

Le train est amené à vivre un essor important. Pour les marchandises, il s'agit du moyen de transport terrestre le plus efficace d'un point de vue énergétique. Son développement se heurte à des investissements coûteux, à une logique très nationale des réseaux qui ont chacun leur réglementation et leurs caractéristiques techniques. De plus, c'est le seul moyen de transport qui puisse utiliser une autre source d'énergie que le pétrole pour fonctionner. Les fortes puissances nécessaires font que seules les énergies nucléaire et hydraulique sont adaptées à ce moyen de transport.

Le transport fluvial est également très efficace. Son potentiel d'expansion est limité par les capacités des voies fluviales et canaux disponibles. Des projets de réaménagement et de développement de nouveaux canaux sont actuellement à l'étude dans le nord de la France et de l'Europe[183].

Le plus important problème va être posé par le trafic voyageur se faisant actuellement en voiture. En Europe, le trafic voyageur en véhicule particulier représente quatre fois celui des bus, train et avion réunis (voir figure 9.1, p. 195), et un report sur les capacités inutilisées des transports collectifs ne représente pas une solution envisageable sans des investissements massifs. Pour le train, même en imaginant pouvoir profiter de tous les sièges non occupés, cela ne permettrait que de proposer trois fois la capacité actuelle[f]. Et cette dernière hypothèse part du principe, peu réaliste, que les voyageurs n'ont pas de contraintes de temps et peuvent attendre le temps qu'il faut la première place vide, une demi-journée ou une journée si nécessaire.

Une solution plus réaliste serait d'utiliser des moyens de transport plus souples à pleine capacité. Comme nous l'avons vu au chapitre précédent, par passager, une voiture particulière consommant 3 litres aux 100 kilomètres avec 4 personnes à bord est plus économe qu'un voyage en TGV. Toute la difficulté consistant à toujours rouler à pleine capacité. Il faudrait

f. Le taux de remplissage actuel des trains est de l'ordre de 33 % en tenant compte des trajets faits pratiquement à vide sur certaines lignes.

faire appel au covoiturage, très rapide à mettre en œuvre. Un conducteur pourrait proposer ses places libres sur Internet avant un départ. [Voir « La voiture se marie avec Internet », p. 205.] Les trajets par bus pourraient être optimisés en adoptant une organisation déjà très utilisée dans le monde : le départ d'un trajet donné ne se fait pas à heures fixes mais lorsque le véhicule est plein. Un changement culturel important qui ne permet plus de garantir le temps de transport.

La voiture se marie avec Internet

Remplir les voitures à pleine capacité permet d'économiser du carburant, quitte à transformer les conducteurs en chauffeurs de « taxi-bus ». On peut imaginer que chauffeurs et passagers potentiels proposent chacun de leur côté le trajet qu'ils doivent effectuer sur un site Internet ainsi que leurs contraintes (heure d'arrivée, délais, détours acceptables...). Le système optimise les contraintes, fait des propositions à chacun et surtout fixe le prix de la course. Les règles de calcul des prix devraient alors être acceptées par tous et probablement fixés par la loi. Le chauffeur encaisse alors la course de chacun grâce à un lecteur de carte à puce intégré au véhicule. En fonction des retards de chacun, des pénalités pourraient éventuellement être prévues. Chaque voyageur posséderait une carte nominative pour ce type de transports « taxi-bus », permettant au chauffeur de savoir à qui il a affaire, à condition qu'un climat de confiance et de sécurité soit préservé et que les passagers n'en profitent pas pour détourner ou voler le véhicule.

Une redistribution des pouvoirs énergétiques

Les énergies renouvelables vont être valorisées par les économies d'énergie réalisées pendant le demi-siècle à venir. Une division par deux de notre niveau de consommation d'énergie revient à doubler le rendement des énergies nouvelles. En ayant en tête l'objectif que l'Europe s'est fixé de 11,5 % de l'énergie primaire produite à partir de sources renouvelables en 2010, on voit que les énergies renouvelables peuvent devenir majoritaires. Imaginons que les 11,5 % puissent être doublés, cela fait 23 %, puis, encore multiplié par deux par le jeu des économies d'énergie, on arrive à 46 %, à une échéance toutefois difficile à déterminer[g], soit plus que le pétrole aujourd'hui (41 %).

Le marché des énergies renouvelables présente une structure très ouverte et très différente de celle des énergies fossiles. Pour le gaz, le pétrole ou l'électricité, le client est dépendant de l'approvisionnement réalisé par le fournisseur. Le consommateur d'énergie n'a pas la possibilité matérielle de se passer d'un fournisseur qui lui-même s'approvisionne à l'autre bout de la planète. Avec les énergies renouvelables deux choses changent. Tout d'abord le métier de « fournisseur d'énergie » consiste désormais à fournir un appareillage technologique relativement simple. De nombreuses entreprises de mécanique ont la possibilité de réaliser des éoliennes, des centrales micro-hydrauliques ou des distilleries de biocarburants. Ensuite, une fois l'installation en fonction, le consommateur est autonome, il n'a plus besoin de son fournisseur d'énergie. Il s'agit d'un mode de fonctionnement très décentralisé qui peut s'effectuer de manière autonome, au niveau d'une région par exemple. La consommation d'énergie locale alimentera un fournisseur local, ce qui va vivifier le tissu économique régional. Les investissements dans de nouveaux convertisseurs énergétiques pourront aussi être financés localement. Des régions autonomes seront à même d'expérimenter des systèmes sociaux originaux, de redéfinir leur relation au temps, à la nature et surtout au travail. Les moyens de télécommunication modernes permettront d'échanger sur ce type d'expériences grandeur réelle. La nature de l'exercice d'un pouvoir national sera modifiée par cette autonomie complète ou potentielle des régions, départements ou communes. Des territoires ruraux très bien dotés en ressources forestières peuvent même devenir des fournisseurs de bois ou de biocarburants pour d'autres régions

g. Multiplier par deux l'objectif 2010 sera probablement plus rapide que de diviser par deux notre consommation d'énergie ; l'échéance d'un tel événement se situerait sans doute après 2040.

plus urbanisées. Le pouvoir offert par la production d'énergie redistribue ainsi les cartes et crée de nouveaux enjeux. Par exemple, parmi les pays candidats à l'entrée dans l'Union européenne, la Turquie présente un potentiel important de production de biocarburants – ce qui pourrait peser de manière significative sur la décision d'adhésion[h].

La Scandinavie laboratoire du prochain système énergétique ?

Lors de la révolution industrielle du XVIIIe siècle, le système énergétique d'origine était anglais, avant qu'il ne soit aménagé et repris par les autres pays d'Europe. Le prochain système énergétique sera, semble-t-il, essentiellement composé d'énergies renouvelables et de nucléaire. Parmi les énergies renouvelables, la biomasse revêt une importance particulière puisqu'elle permet de créer du carburant lui-même exportable. Il s'agira de biocarburants de deuxième génération enrichis à l'hydrogène, probablement produit à base d'énergie nucléaire. Or les pays les mieux placés en Europe pour la production de biocarburants sont les pays scandinaves, comme l'indique le tableau page suivante.

La Suède et la Finlande ont le plus important potentiel de production, mais surtout d'exportation, de biocarburants. Ces deux pays possèdent des mines d'uranium sur leur territoire (surtout la Suède), ce qui leur permettrait d'être complètement autonomes d'un point de vue énergétique. De plus, ces pays sont en pointe au niveau de l'équipement en télécommunications (Internet, téléphones portables...) ; ils possèdent une industrie performante (Nokia, Ericsson...) et des compétences reconnues – à titre d'exemple, l'inventeur de Linux, Linus Torvalds, est finlandais. Dans l'éventualité où ces pays réussiraient à prospérer dans un climat serein alors que le reste de l'Europe peine à s'adapter à la raréfaction des ressources en énergies fossiles, il est probable que l'on s'intéressera de près à leur mode de fonctionnement et aux solutions originales qu'ils auront mises au point. Car, pour la révolution énergétique à venir, le défi est certainement plus social que technique.

h. D'un point de vue énergétique, un autre facteur qui va plaider en faveur de l'adhésion de la Turquie est la possibilité de sécuriser les approvisionnements en pétrole par pipeline en provenance du Moyen-Orient.

Figure 9.3 : Principaux pays européens producteurs de biomasse et leur potentiel d'exportation ou besoin d'importation. Chiffres en millions de tonnes équivalent pétrole par an (sources : IEE/JL Wingert[184]).

Pays	Potentiel de production de biomasse	Pays potentiellement importateur à hauteur de	Pays potentiellement exportateur à hauteur de
Suède	16,50		12,00
Finlande	14,75		12,10
France	14,00	0,90	
Allemagne	13,60	12,50	
Turquie	11,65		6,00
Espagne	9,00	0,35	
Pologne	8,60		1,65
Italie	5,40	6,40	
Roumanie	5,20		3,60
Royaume-Uni	4,60	10,80	
Norvège	3,90		1,15
Autriche	3,60		0,55

Conclusion

« Les faits ne cessent pas d'exister parce
qu'on les ignore. »
Aldous Huxley

Comprendre la situation actuelle demande de prendre un recul inhabituel. L'histoire du pétrole exploité industriellement ne durera probablement que trois siècles, après plusieurs millions d'années de genèse. Nous arrivons à la moitié de cette période, moment où le phénomène de déplétion provoque une baisse irrémédiable de la production. Or cette baisse de la quantité de pétrole disponible va provoquer des bouleversements d'une ampleur comparable à ceux de la révolution industrielle et nécessiter de mettre en œuvre un chantier de nature analogue à celui de la reconstruction de l'après-guerre.

D'ici à 2015, un ou plusieurs chocs pétroliers sont inévitables, accompagnés d'une hausse importante du prix du baril, à moins qu'une récession économique ne parvienne à provoquer une baisse de la consommation et retarde l'échéance de quelques années. Les autres énergies fossiles vont aussi entrer en déplétion – le gaz naturel va atteindre un maximum de production vers 2030, et le charbon vers 2050. Cette baisse de la quantité d'énergie disponible sera une première dans l'histoire de l'humanité.

La gestion de la transition est l'enjeu principal

Trois types de solutions pourront être apportés. Le premier consiste à améliorer notre efficacité énergétique ; le potentiel d'économie est important puisqu'une division par deux de la consommation est un objectif à notre portée. Les gains les plus importants seront réalisés dans les domaines du confort thermique de l'habitat, du transport routier, ainsi que par une utilisation accrue des transports ferroviaires. Le deuxième type de solutions consiste à exploiter toutes les sources d'énergie disponibles. Parmi les énergies renouvelables, la biomasse, le solaire thermique, l'hydraulique et l'éolien présentent les meilleurs potentiels. La biomasse permet qualitativement de remplacer tous les usages du pétrole puisque sa composition chimique est proche de celle des végétaux ; des biocarburants pourront être produits mais en petite quantité comparativement à la production de pétrole actuelle. Le solaire thermique associé à une architecture bioclimatique permet de capter au mieux les rayons solaires et de conserver la chaleur ainsi générée. Associée aux énergies renouvelables, une part importante de notre énergie électrique sera d'origine nucléaire, probablement pour un certain temps encore.

Les deux types de solutions présentées ci-dessus sont d'ordre technique ; ce sont les premières auxquelles on pense dans notre société technophile. Leur mise en œuvre sera une tâche gigantesque mais ne suffira probablement pas à compenser assez rapidement la baisse d'énergie disponible. Il sera par conséquent nécessaire d'adopter un mode d'organisation nouveau et énergétiquement plus sobre. Le troisième type de solutions est donc d'ordre organisationnel. Les transports représentant en volume la principale utilisation du pétrole, ils seront les plus touchés. Ce nouveau mode d'organisation impliquera une diminution de leurs usages, entraînant une relocalisation des activités de production industrielle et agricole.

Regrettable inaction

Quand allons-nous nous lancer dans ce chantier gigantesque qui s'offre à nous ? Contrairement au premier choc pétrolier, qui fut brutal et marqua immédiatement les esprits, il manque un signal de départ clair à la crise à venir. Il n'existe pas de consensus sur l'évolution de la situation future, et ce essentiellement pour trois raisons. La première, à ne pas sous-estimer, est l'absence de représentation mentale concernant la déplétion. Il n'est pas aisé pour un non-spécialiste de comprendre que nous allons manquer de pétrole alors qu'il existe d'importantes réserves – la déplétion est plus un problème de débit de robinet que de taille de réservoir (le chapitre 2 a pour ambition d'expliciter cette notion importante). La deuxième raison est liée à la précédente, mais est de nature différente ; il s'agit d'une croyance voulant que l'augmentation du prix du pétrole génère des réserves supplémentaires. Certes, cela peut se produire à la marge, mais, lorsque le bilan énergétique d'un gisement est négatif (on dépense plus d'énergie que l'on en récupère), l'augmentation du prix du baril ne change rien. La troisième raison est là encore liée à la précédente et relève d'une croyance qui attribuerait des vertus exagérées, voire magiques, au marché. Certes, c'est un moyen de régulation souple et efficace, mais un marché ne s'autorégule pas et ne possède aucune intelligence particulière lui permettant de gérer la transition d'un système énergétique à un autre ou de créer des réserves de pétrole. Cette croyance est étrange, certains pensent peut-être que la fameuse « main invisible » d'Adam Smith, censée rétablir l'équilibre entre offre et demande, aurait une existence tangible. Parmi les économistes sérieux, Jacques Sapir souligne dans un ouvrage intitulé *Les Trous noirs de la science économique*[a] que cette croyance qui porte plusieurs noms[b] est tenace : « La théorie de l'équilibre général constitue certainement une des énigmes scientifiques les plus étonnantes et irritantes du XXe siècle. » Joseph Stieglitz, prix Nobel d'économie et ancien conseiller du président Clinton, dans un livre intitulé *Quand le capitalisme perd la tête*[185], écrit notamment : « L'une des raisons pour lesquelles la main invisible est invisible, c'est peut-être qu'elle n'existe pas. »

Les risques de l'inaction sont une précarisation des plus démunis accompagnée d'une dégradation forte du climat social à la suite d'une crise économique et d'une hausse du prix des produits alimentaires. Réaliser des économies d'énergie demande de réaliser des investissements dans l'isolation ou le renouvellement d'un véhicule pour un modèle plus sobre en matière de consommation de carburant. Or ceux qui ne peuvent réaliser ces investissements, faute de moyens financiers, vont être pris dans une spirale infernale puisque le renchérissement du prix de l'énergie va grever encore plus leur budget. Cette spirale va se retrouver de manière similaire au niveau des pays les plus pauvres cette fois, qui ne pourront ni investir ni payer leur

---

a. Jacques Sapir, *Les Trous noirs de la science économique*, Paris, Albin Michel, 2000. Pour plus d'informations, voir le chapitre intitulé « L'équilibre général est-il une machine à décerveler ? ».
b. Loi de l'offre et de la demande ou théorie de l'équilibre général.

facture de pétrole. Sans parler des risques de guerres ou d'exodes massifs de populations affamées.

Les perspectives qu'offre une déplétion bien gérée sont pourtant réjouissantes et de nature à proposer un projet stimulant à nos concitoyens, ce qui fait actuellement défaut. La quantité de CO_2 rejetée par les consommations de pétrole et de gaz naturel va baisser. Le principal risque planétaire, le dérèglement climatique, pourrait donc se régler, à condition cependant que deux écueils de taille soient évités : une consommation accrue de charbon et une déforestation massive, deux phénomènes à craindre notamment dans les pays en développement. Pour éviter ce double écueil, une aide au développement ciblée sur les problématiques d'efficacité énergétique et de protection des ressources forestières semble nécessaire.

Le roseau, le chêne et l'autruche

Face à un défi tel que la déplétion, trois attitudes sont possibles. La plus intelligente consiste probablement à se servir des leviers et des opportunités offerts plutôt que d'essayer de s'y opposer pour maintenir un cap en vain. Si c'est la voie la plus courageuse, ce n'est pas la plus simple et pour l'instant aucun pays ne s'est encore lancé. L'attitude du chêne, comme le veut la fable, est conservatrice et présente le risque d'une rupture si le vent redouble. Or les baisses de production d'énergie à venir seront bien trop puissantes pour qu'une telle attitude puisse tenir – c'est pourtant ce qu'ont choisi de faire les États-Unis. L'attitude consistant à ignorer le problème est un non-choix temporaire qui a toutes les chances de déboucher sur une situation de tension. Constatant au dernier moment que tout reste à faire, la tentation de refuser de se mettre en cause sera grande devant l'ampleur de la tâche à accomplir. C'est malheureusement la voie majoritairement adoptée pour l'instant.

La civilisation occidentale sous influence américaine

Il semble nécessaire de s'interroger sur la capacité de nos sociétés à relever le défi que représente la déplétion. Le fait qu'un phénomène inexorable, connu de longue date et dont les effets sont potentiellement dévastateurs, puisse avoir été ignoré si longtemps doit nous interpeller sur les raisons de cet aveuglement. Les bénéficiaires actuels de la mondialisation ont plus à craindre d'une déplétion mal gérée – un monde chaotique n'étant jamais propice au commerce et aux affaires – que d'une déplétion bien gérée. Si calcul il y a, il semble bien risqué. L'hypothèse la plus probable est que les mécanismes ayant conduit à la dissimulation de la déplétion relèvent, d'une manière ou d'une autre, d'une sorte d'inconscient ou d'une zone d'ombre de nos sociétés occidentales.

Comme le remarquait l'historien anglais Arnold Toynbee, une civilisation en bonne santé sait faire preuve d'imagination, de créativité et de responsabilité face aux défis qui lui sont proposés ; dans le cas contraire, elle court le risque de se désagréger. Notre système social à trois composantes (capitalisme, économie de marché et libéralisme) est-il en passe de provoquer une paralysie de notre civilisation ? Une partie des Américains sont persuadés que leur modèle politique et social aurait atteint un certain degré de perfection et voudraient l'imposer au monde. Dans les années 1990, le philosophe américain Francis Fukuyama a envisagé la « fin de l'histoire », expliquant que la démocratie libérale était le système parfait. Il faut admettre qu'il semble actuellement bien difficile de développer un autre modèle de fonctionnement que celui des États-Unis. Il existe des nuances, par exemple entre le modèle suédois et le modèle japonais, mais Washington semble réussir à imposer ses vues avec force. Pourtant, à y regarder de plus près, les démonstrations de force des États-Unis masquent d'importantes faiblesses. Ce qui semble se jouer en réalité est simultanément une perte d'influence de l'Amérique et de son modèle de civilisation actuel, ainsi qu'une possibilité offerte à l'Europe de proposer un modèle de remplacement.

Du pain et des jeux : la chute de l'empire américain ?

Les États-Unis sont les premiers à avoir réagi à la déplétion. Ils ont décidé d'employer la force pour s'assurer une part du butin pétrolier et surtout pour défendre leur monnaie, le dollar, qui risquait de perdre sa place de monnaie d'échange internationale exclusive. Il ne leur a pas semblé nécessaire d'envisager de réduire leur consommation d'énergie, pourtant excessive. Au vu des constats d'Arnold Toynbee, il semble bien que cette réponse peu créative et tournée vers l'extérieur ne soit pas de très bon augure. Cette attaque sur un pays faible suivie d'une occupation laborieuse va plutôt affaiblir les États-Unis. Certes, ils peuvent encore faire marche arrière, mais en ayant perdu beaucoup de temps et d'énergie inutilement. Car cette stratégie d'accaparement des ressources pétrolières n'est pas une réponse viable au problème qui se pose aux Américains. Leur idée de départ était de réserver le pétrole du golfe Persique aux seuls pays membres de la coalition. Mais, s'ils tentent de mettre leur plan à exécution et de priver le reste du monde de pétrole, la partie change de nature et la réponse des pays privés de pétrole aussi. La résistance irakienne, qui réussit à mettre la première armée du monde en difficulté avec des armes rudimentaires, se verrait, comme par enchantement, approvisionnée en missiles antichars et antihélicoptères dernier cri en provenance des pays privés de pétrole par Washington. Dans ces conditions, l'Irak deviendrait réellement le Vietnam.

Les États-Unis ont péché par optimisme, ils ont désormais peu de marge de manœuvre en Irak et sont juste parvenus à faire étalage de leurs limites dans l'occupation d'un pays. De plus, George W. Bush a réussi l'exploit de se faire haïr du monde entier, ce qui est très défavorable à la propagation du modèle américain, même rénové. Modèle qui va être mis à mal par l'impossibilité de maintenir un niveau élevé de consommation de pétrole. Mais il faut être reconnaissant aux États-Unis d'une chose : ils ont probablement réussi à rendre plus vigilante l'opinion publique internationale et à rendre une future guerre pour le pétrole plus difficile à justifier.

Les États-Unis ne représentent pas un empire au sens classique du terme. Ils peuvent participer au contrôle économique du monde et ils sont plus puissants militairement que n'importe quel autre pays, mais sont loin de pouvoir contrôler par la force l'ensemble de la planète. On voit désormais qu'ils sont probablement incapables de contrôler l'approvisionnement de pétrole en provenance du Moyen-Orient *contre* le reste du monde. Or vouloir se comporter comme une puissance impériale alors que vous ne disposez pas des moyens réels de contrôler vos provinces est un jeu dangereux. Comme le montre Emmanuel Todd dans son ouvrage intitulé *Après l'empire. Essai sur la décomposition du système américain*[186], les États-Unis sont en train de se tromper de posture en voulant dominer le monde militairement alors qu'ils n'en ont pas les moyens. Dans son analyse, Emmanuel Todd prédit un sombre avenir pour les États-Unis alors qu'il ne prend pas en compte le facteur, peu connu à l'époque, de la déplétion du pétrole. En l'intégrant, leur situation apparaît pire encore qu'il ne la décrit.

La puissance porte en elle une faiblesse résumée dans le titre d'un ouvrage sur l'histoire de l'énergie : *Les Servitudes de la puissance*[187]. L'Empire romain est exemplaire à ce sujet. Son centre, la ville de Rome, était dépendant pour l'approvisionnement en énergie des provinces qu'il contrôlait militairement. Cette énergie prenait deux formes : des produits agricoles et des esclaves qui fournissaient l'essentiel de l'énergie mécanique. Pour permettre à la fois un contrôle et un échange de flux dans l'empire, un réseau de communication sophistiqué a dû être mis en place – les fameuses voies romaines, mais surtout un réseau maritime couvrant l'ensemble de la Méditerranée.

Les États-Unis sont dans une situation similaire à celle de nos ancêtres les Romains. Ils dépendent de plus en plus du reste du monde. Leur bilan est déséquilibré puisque les énergies fossiles, les flux financiers et les biens manufacturés proviennent du monde entier, tandis qu'ils produisent de moins en moins. Le déficit croissant de la balance commerciale indique qu'ils importent de plus en plus et le taux d'endettement croissant indique bien que la majorité de l'épargne mondiale converge vers l'Amérique[188]. Ils n'hésitent pas à faire jouer la planche à billets puisque, grâce à son statut de monnaie internationale, le dollar est surtout échangé à l'extérieur du pays, ce qui fait peu baisser sa valeur. L'hyperpuissance, confiante, vit de plus en plus à crédit. Si les pays créditeurs demandaient un remboursement de leurs dettes, et si les dollars retournaient aux États-Unis, ce serait la faillite. Or, avec les difficultés de la déplétion, cela risque de se produire. L'OCDE constate actuellement que, depuis deux ans, une légère, mais constante, baisse des investissements en direction des États-Unis se produit. Cette politique dangereuse de fuite en avant rappelle celle de l'Empire romain à la veille de sa chute. En effet, pour maintenir leur niveau de vie, les Romains avaient de plus en plus besoin d'esclaves et de produits agricoles, ce qui provoquait un besoin accru en forces armées et une expansion de plus en plus difficile à gérer, d'autant plus que les populations asservies exaspérées résistaient en s'alliant aux Barbares. Une telle politique était difficile à justifier, mais le peuple était tenu à l'écart des véritables enjeux avec le bien connu *panem et circenses*, « du pain et des jeux ». Remplacez le pain par le pétrole permettant d'assurer le niveau de confort dispendieux des Américains et remplacez les jeux par les médias télévisés et vous avez la réélection de George W. Bush. Les États-Unis peuvent encore changer de politique, mais le modèle qu'ils adoptent semble toutefois de moins en moins séduisant et de plus en plus barbare.

L'initiative créatrice est en Europe

Au regard de la règle de créativité et d'invention permettant de juger de la bonne santé d'une civilisation, l'Europe se porte bien. Il ne s'agit pas pour l'Union européenne de remplacer les États-Unis en employant les mêmes recettes mais plutôt de construire son propre modèle.

Robert Cooper, un diplomate anglais, propose une grille de lecture pertinente qui regroupe les États en trois catégories[189]. Tout d'abord les prémodernes, qui peinent à instaurer un ordre intérieur et sont en proie à des guerres et à des crises. Les États classiques ensuite, qui raisonnent en termes de raison d'État et de manière strictement nationale – les États-Unis en sont un exemple. Enfin les États postmodernes, qui ont transféré une partie de leurs pouvoirs à des instances supranationales et n'envisagent pas leur sécurité en termes de conquête. Les pays européens relèvent de cette dernière catégorie. Pour résumer la situation actuelle, disons que l'influence de l'Europe s'opère par des traités internationaux que les Américains refusent pour l'instant de signer.

Le développement de l'Union européenne ne se fait pas sur un mode impérial en annexant de nouvelles régions ou pays mais au contraire par voie de candidature. L'UE se permet même d'envisager de refuser certains pays, un drôle d'empire qui a pour objectif de créer un espace politique et d'éviter les guerres. Comparé à d'autres constructions d'empires durables, le rythme est plutôt soutenu puisque les premières démarches datent du lendemain de la Seconde Guerre mondiale et que nous en sommes déjà à 25 États membres, une monnaie et l'idée de se doter d'une Constitution. Certes l'édifice semble fragile, mais la déplétion sera son premier défi véritable. Or l'Union européenne bénéficie de conditions favorables pour l'affronter.

Le mode de construction de l'Union européenne intéresse d'autres régions du monde. L'Amérique latine par exemple suit d'un œil attentif un processus qu'elle pourrait bien adapter et adopter. Or la déplétion du pétrole, en touchant principalement les transports, va provoquer un repli régional ou continental. Le modèle de construction européen est potentiellement plus séduisant à appliquer que le modèle des États-Unis.

Vers un système énergétique scandinave ?

Un coup de pouce du destin vient fournir un atout inespéré à l'Europe. En passant d'un monde où l'énergie était abondante à un monde où l'énergie sera rare, une inversion automatique se produit parmi les pays développés. Un Japonais ou un Européen qui était « en retard » par rapport à un Américain qui consomme deux fois plus d'énergie, pour un confort équivalent, devient comme par enchantement « en avance ». Le thème du retard de la vieille Europe pourrait disparaître en quelques années. Et les États-Unis auront quelques difficultés à nous rattraper. En effet, les États-Unis se sont fondés sur le charbon et le pétrole, tandis que l'Europe s'est fondée sur les énergies renouvelables. Avant l'arrivée des colons, il n'y avait sur le territoire des États-Unis que des nomades, les Amérindiens. L'aménagement du territoire s'est fait « en grand », profitant de l'énergie abondante, tandis que l'Europe, de par sa longue construction sous un régime énergétiquement sobre, nécessite aujourd'hui trois fois moins d'énergie pour ses transports. Et la modification de l'implantation des villes et des routes est ce qu'il y a de plus long, si tant est que cela puisse se modifier. Le tracé de certaines rues en Europe est hérité de l'époque romaine.

La création d'un nouveau système énergétique est un phénomène local reposant sur une dynamique et un contexte énergétique favorables. À la fin du Moyen Âge, le stimulant fut pour l'Angleterre l'épuisement des ressources forestières, conduisant à la révolution industrielle basée sur des énergies fossiles. En ce début de XXIe siècle, les dynamiques en jeu sont différentes, voire inverses. Nous passons des énergies fossiles aux énergies renouvelables avec une technologie sans commune mesure avec celles disponibles au Moyen Âge – la région la plus avancée en Europe en matière d'énergies nouvelles étant la Scandinavie. Or les énergies renouvelables représentent, du fait de leurs contraintes et particularités, l'élément nouveau le plus difficile à intégrer au sein d'un système énergétique. En revanche, l'énergie nucléaire n'est ni décentralisée ni intermittente et ne remet pas en cause le fonctionnement social actuel.

Un système économique énergétiquement sobre devra assurer une grande stabilité à ses acteurs. Nous avons vu que les expériences de symbiose industrielle demandent une confiance entre partenaires industriels, que les échanges de flux d'énergie se font sur des bases de long terme. Une entreprise ne peut pas accepter de dépendre d'une autre si cette dernière est susceptible de disparaître en quelques semaines sans prévenir. La logique financière joue sur l'instabilité et, dans une certaine mesure, l'encourage, ce qui favorise la spéculation, tandis qu'une logique industrielle a besoin d'une visibilité à long terme et de stabilité. Les pays qui sauront organiser cela tireront le meilleur profit de la situation de déplétion. L'aspect d'un nouveau système énergétique scandinave le plus difficile à reproduire ne sera pas technique mais social. Trouver le mode d'organisation nouveau permettant de créer et d'entretenir une dynamique ne se décrète pas. Le modèle scandinave est très respectueux de l'individu. Cela préfigurerait d'une orientation intéressante pour la construction européenne. Les pays scandinaves, très exigeants sur les aspects sociaux, hésitent pour l'instant à s'engager pleinement dans une construction dans laquelle ils perdraient des avantages pour appliquer une politique économique libérale actuellement inspirée au monde entier par Washington.

La propagation du modèle par la mer Baltique

Lors de la révolution industrielle, le modèle anglais s'est propagé lentement en Europe continentale, limité par un difficile transport terrestre du charbon. La France et l'Allemagne n'ont pu accéder au modèle qu'avec la construction du chemin de fer, avec plus d'un demi-siècle de retard. Le facteur limitant était alors technique puisque le modèle social associé, consistant essentiellement en un asservissement des ouvriers, ne demandait que peu de négociations. Dans le cas présent, on peut au contraire imaginer que ce soit l'adoption et l'adaptation du modèle social, si c'est un passage obligé, qui prenne le plus de temps.

La mer Baltique, sur laquelle débouchent la Suède, la Finlande, l'Allemagne, la Russie et la Pologne, pourrait devenir le cœur d'un nouveau dynamisme autour des énergies renouvelables. Actuellement l'Allemagne est dans une situation intéressante puisque sa politique envers le développement des énergies renouvelables est très active. En fait, elle se trouve au centre d'une partie de l'Europe très dynamique dans l'utilisation des énergies nouvelles, avec la Scandinavie mais aussi l'Autriche à proximité. Elle a fortement investi dans l'industrie des convertisseurs d'énergies renouvelables, ce qui devrait lui permettre de tirer profit de la vague renouvelable bien que son potentiel de production de biomasse soit peu favorable. Mais elle est à proximité de nombreux pays excédentaires en ce domaine. De plus, la politique énergétique fait l'objet en Allemagne d'un débat honnête (contrairement à la France) au cours duquel un consensus s'est dégagé, il y a quelques années, pour arrêter son programme nucléaire. La déplétion va peut-être remettre en cause cette politique de sortie du nucléaire, mais les citoyens seront au cœur du débat, favorisant ainsi l'évolution du modèle social.

Les convertisseurs d'énergies renouvelables vont représenter un marché important au niveau mondial avec la hausse des prix du pétrole, et l'Europe, déjà en pointe, a une bonne carte à jouer dans ce domaine. Elle dispose en outre d'une grande variété de situations climatiques de Stockholm à Séville, en passant par Prague, donc de la possibilité d'offrir une gamme de solutions très étendue. Mais les autres régions du monde pourront rapidement rattraper l'Europe sur ce point, surtout si elle ne comble pas son manque de moyens dans le domaine de la recherche scientifique.

La diplomatie du nucléaire

L'énergie nucléaire en revanche est problématique. Il s'agit d'une technologie coûteuse qui pose des problèmes de sécurité et permet de réaliser des armes atomiques. Si l'on part du principe qu'un modèle énergétique appliqué par l'Europe va être adopté par les pays désireux de se développer, c'est la porte ouverte à une inquiétante prolifération nucléaire. La première solution consiste à se priver d'électricité d'origine nucléaire, mais cela paraît peu probable pour le siècle à venir. La seconde consiste à autoriser la construction de centrales mais à fournir le combustible nucléaire. C'est ce que tente de faire en Iran une troïka européenne constituée du Royaume-Uni, de l'Allemagne et de la France – mais le pays intéressé tient à la possibilité de construire la bombe. La réussite de cette mission que Washington voit d'un mauvais œil est fondamentale.

Les pays en quête d'installations nucléaires souhaitent disposer d'une source d'énergie utilisable librement et éventuellement de la possibilité de construire une bombe atomique. Le cas de l'Iran est symptomatique puisque sa préoccupation est de ne pas être dépendant de la Russie, son fournisseur actuel de combustible. La possibilité de contrôler ses approvisionnements en énergie est un avantage stratégique important – c'est d'ailleurs un des éléments qui participent au succès du pétrole produit dans de très nombreux pays. Pour l'Iran, posséder une arme atomique est dissuasif face à l'agressivité des États-Unis.

L'Europe est une des rares puissances d'envergure à être crédible pour assurer une stabilité dans l'approvisionnement en uranium. Elle pourrait se servir de cet atout pour proposer de fournir de l'uranium enrichi en échange d'un régime démocratique et stable par exemple, en plus de la contrepartie financière. Fournir de l'uranium enrichi a l'avantage de rendre inutile la possession de l'appareillage technique permettant de réaliser une bombe nucléaire. Associé à des contrôles par des inspecteurs de l'ONU, c'est un moyen efficace d'éviter la prolifération nucléaire. L'Europe peut jouer un rôle stabilisateur au XXIe siècle sans forcément utiliser la force. De plus, l'euro pourrait être la prochaine monnaie internationale en cas de défaillance des États-Unis.

Relever le défi

Face au défi qui s'annonce, nous n'avons guère d'autre choix que de le relever. À la manière du roseau, il sera plus efficace de tirer profit de la déplétion plutôt que d'essayer de s'y opposer. Bien évidemment, la réalité sera faite d'à-coups et de crises, mais, en empruntant le plus court chemin et en évitant les erreurs comme un report massif sur le gaz naturel ou l'aventure prématurée de l'hydrogène, il sera, espérons-le, possible de réduire ces crises au minimum.

La première chose à faire est probablement de s'adresser à l'intelligence des gens en leur expliquant ce qui se passe et les enjeux. Le rôle des médias sera donc déterminant dans le déroulement de la transition à venir. Les citoyens vont être demandeurs d'information, ils vont vouloir comprendre ce qui va advenir de leur métier, de leur entreprise et de leur emploi. Des règles peuvent se dégager, par exemple le risque de disparition d'une entreprise fabriquant des produits à base exclusive de pétrole. Mais la réalité est un peu différente. Prenons un contre-exemple : un producteur de brosses à dents et une fabrique de sèche-linge électriques. Une brosse à dents est constituée à 100 % de pétrole, mais c'est un bien indispensable et difficile à fabriquer autrement qu'avec des matières plastiques. En revanche, le sèche-linge consomme beaucoup d'énergie et peut souvent être remplacé par un fil à linge à moins d'un euro. Ce sont donc les notions d'utilité et de remplaçabilité qu'il faut introduire. Voilà une véritable révolution ! Les gens vont devoir s'interroger sur l'utilité de leur métier. C'est à ce prix que le défi va pouvoir être relevé avec succès.

Les initiatives visant à canaliser la transition sont encore bien rares. Colin Campbell a proposé un protocole qui est encouragé par quelques hommes politiques d'envergure et par une municipalité italienne : le protocole de Rimini. L'idée consiste à organiser la coopération entre pays producteurs et consommateurs (voir texte en Annexe p. 229). Mais la nécessité de réunir une conférence internationale rend sa mise en œuvre rapide peu probable ; il s'agit surtout d'une proposition destinée à éviter les conflits internationaux.

Proposons ici une deuxième idée. Elle part du principe que le financement de l'immense chantier qui s'annonce est un des points clés de la transition à venir. Il s'agit pour les pays consommateurs de mettre en œuvre une taxe intérieure, appelons-la « taxe baril ». Cette taxe sur le pétrole brut, d'un taux significatif (30 %), aurait comme double objectif de faire baisser la consommation de produits pétroliers et de financer la transition. Les revenus générés seraient affectés en majorité (80 %) au financement des projets prioritaires internes au pays (infrastructures ferroviaires, aide à la réhabilitation de logements anciens mal isolés, financement de véhicules sobres pour les plus démunis, production d'énergies renouvelables...) et à la reconversion des professions sinistrées (transporteurs aériens, chauffeurs routiers, agriculteurs, pêcheurs...). Les 20 % restants seraient affectés à l'aide internationale au développement puisque les pays pauvres auront aussi à gérer leur transition. Or, s'ils échouent et se reportent massivement sur le charbon et provoquent une déforestation, ce qui est à craindre, cela va provoquer une aggravation du – déjà préoccupant – dérèglement climatique. Une telle taxe n'a besoin d'aucun accord international pour entrer en vigueur puisqu'en l'adoptant un pays y trouve immédiatement un bénéfice interne, l'idéal étant toutefois de la voir adoptée par l'ensemble des pays européens.

Pour un gouvernement, mettre en œuvre une telle taxe aurait l'avantage d'envoyer un signal clair à ses concitoyens. Il est important de s'assurer que chacun puisse avoir suffisamment de temps pour éventuellement s'interroger sur sa place dans la société de l'après-pétrole et s'organiser en conséquence. Faute de mieux, la réduction de l'effet de serre pourra être présentée comme la raison d'engager une politique enfin volontaire d'économies d'énergie ; si cela permet d'éviter une catastrophe écologique d'envergure aux pays les plus pauvres, ce ne sera pas si mal.

Ce qui guide nos sociétés, c'est l'idée de l'avenir. La civilisation du pétrole s'arrêtera lorsque l'on commencera réellement à s'interroger et à agir dans l'idée de s'en passer. Une nouvelle révolution est en marche, elle sera créative, inventive et passionnante, mais la transition sera difficile. Il existe de nombreuses solutions, elles ne semblent pas satisfaisantes aujourd'hui, mais le seront demain par la force des choses.

Glossaire

Principales unités de conversion
1 baril = 159 litres
1 calorie = 4,186 joule (J)
1 tep = 42 gigajoules (GJ)
1 000 mètres cubes de gaz naturel = 0,85 tonne équivalent pétrole (tep)
1 tonne équivalent charbon (tec) = 0,7 tep
1 kilowattheure (kWh) = 3,6 mégajoules (MJ)

Anticlinal : formation géologique représentant le principal type de piège à hydrocarbures ; plissement de terrain en forme de voûte à concavité tournée vers le bas.

Biogaz : gaz issu de la décomposition des matières organiques.

Biomasse : ensemble de la matière vivante, végétale (à plus de 99 %) et animale présente à la surface de la Terre et dans les mers et océans pour les algues et le plancton.

Cogénération : production simultanée d'électricité et de chaleur.

Condensat : hydrocarbures liquides, légers et volatils en solution dans certains gaz naturels.

Convertisseur : dispositif technique permettant de transformer une forme d'énergie en une autre. Un moulin à vent permet de transformer de l'énergie éolienne en énergie mécanique, un moteur à combustion permet de transformer de l'énergie chimique (essence, gazole...) en énergie mécanique permettant d'effectuer un déplacement.

Déplétion : diminution de la quantité (de quelque chose). Dépréciation d'un gisement de pétrole résultant de son exploitation. Par extension, baisse de la production d'un ensemble de gisements.

Énergies commerciales : énergies passant par un circuit commercial avant d'être utilisées par le consommateur. Ces formes d'énergie sont généralement les seules à être prises en compte dans les bilans de consommation énergétique, ce qui exclut notamment le bois de feu, d'usage fréquent dans les pays en développement.

Énergie finale : énergie fournie aux consommateurs pour être convertie en énergie utile.

Énergie primaire : elle correspond à des produits énergétiques bruts tels que fournis par la nature : bois, charbon, pétrole, gaz naturel, uranium, pour les formes qui ne sont pas renouvelables ; énergie hydraulique, solaire, éolienne, biomasse, géothermie, marémotrice pour les formes renouvelables.

Énergie utile : énergie dont dispose le consommateur final après la dernière conversion par ses propres appareils. Par exemple, la chaleur, l'énergie mécanique, la lumière...

Externalités : coûts induits par une activité qui ne sont pas à la charge des bénéficiaires de celles-ci. Par exemple, la pollution engendrée par l'utilisation d'énergies fossiles.

Fischer-Tropsch : nom d'un procédé mis au point en Allemagne en 1923 consistant à fabriquer du carburant liquide avec du charbon. Il s'agit de synthétiser des hydrocarbures liquides à partir d'un mélange provenant de la gazéification d'une masse carbonée qui pourra être du charbon, du gaz ou de la biomasse.

Hydrocarbure : composé constitué essentiellement de carbone et d'hydrogène présents sous les trois états de gaz, de liquide et de solide (bitume).

Joule : unité élémentaire de mesure d'énergie, de travail et de quantité de chaleur (symbole J).

Kerogène : constituant organique présent dans la roche mère qui pourra donner du pétrole par pyrolyse si les conditions de température et de pression sont favorables.

Kérosène : produit dérivé du pétrole servant de carburant pour moteurs d'avion à réaction. Également appelé carburéacteur ou jet fuel.

Kilowattheure (kWh) : quantité d'énergie correspondant à une puissance fournie ou consommée de 1 000 watts (1 kilowattheure) pendant une heure.

Pétrochimie : branche de la chimie qui étudie les dérivés du pétrole.

Pétrole : littéralement « huile de pierre ». Huile minérale composée d'hydrocarbures, extraite du sous-sol, utilisable comme source d'énergie après raffinage.

Photosynthèse : littéralement « synthèse réalisée à l'aide de l'énergie lumineuse ». C'est la production d'hydrates de carbone par les plantes chlorophylliennes, qui captent l'énergie solaire et le gaz carbonique pour rejeter de l'oxygène.

Photovoltaïque : technologie permettant de transformer un rayonnement lumineux en électricité. On parlera généralement d'une cellule photovoltaïque.

Piège : disposition des terrains susceptibles de retenir des hydrocarbures pour former un gisement.

Raffinerie : lieu où l'on pratique un processus de nettoyage et de purification des matières brutes pour les rendre propres à l'utilisation. Les premières raffineries de pétrole étaient appelées « distilleries ».

Rendement énergétique : pour un convertisseur donné (moteur, plante verte, turbine...), c'est l'énergie dépensée divisée par l'énergie utile utilisée. Ce rapport est toujours inférieur à 100 %.

Réserves : il n'y a pas de consensus sur leur définition exacte. Une définition géologique appliquée à un gisement : ce qui est estimé être la production cumulée le jour où l'on arrêtera de produire. Une définition économique (issue de la SEC) : le volume de pétrole qu'il sera possible d'extraire dans les conditions économiques et techniques du moment.

Réserves stratégiques : stocks de pétrole constitués en vue de pallier une rupture d'approvisionnement (blocus, embargo, accident...). Les pays industrialisés ont théoriquement des réserves stratégiques représentant trois mois de consommation.

Réserves ultimes : les réserves ultimes à une date donnée représentent l'ensemble du pétrole existant et ayant existé. Il s'agit donc de la somme du pétrole déjà consommé, des réserves restantes découvertes et du « restant à découvrir ».

Ressources : volume d'hydrocarbures en place dans le sous-sol et défini indépendamment de toute considération sur la quantité qu'il sera possible d'extraire. Le volume des ressources pétrolières est nécessairement supérieur à celui des réserves.

Roche mère (de pétrole ou de gaz) : sédiment argileux ou carbonaté de couleur généralement sombre, riche en matière organique, ayant ou pouvant donner naissance, lors de son enfouissement, à des hydrocarbures.

Sismique : technique d'investigation du sous-sol par l'étude d'ondes émises et enregistrées en surface à l'issue d'un parcours souterrain comportant des réflexions ou des réfractions sur des couches de caractéristiques différentes.

Tep : tonne équivalent pétrole. Unité de mesure permettant une comparaison entre différentes formes d'énergie. Autrefois on utilisait la tec (tonne équivalent charbon).

Vecteur énergétique : moyen de transport de l'énergie. Le principal est l'électricité, mais il est également possible d'utiliser l'hydrogène ou bien des fluides dits « caloporteurs », c'est-à-dire capables d'emmagasiner de la chaleur pour la restituer ensuite.

Véhicule hybride : véhicule associant deux modes de génération de l'énergie. La formule actuellement privilégiée combine un moteur à combustion et une batterie électrique.

Watt crête (Wc) : unité de puissance d'un capteur photovoltaïque correspondant à l'ensoleillement maximal (1 000 watts par mètre carré) et à une température idéale de référence (25 °C).

Bibliographie

Histoire et géopolitique

Jean-Claude Debeir, Jean-Paul Deléage et Daniel Hémery, *Les Servitudes de la puissance*, Paris, Flammarion, 1986.

Un des rares livres sur l'histoire de l'énergie en langue française (il a été traduit en allemand, en anglais et en portugais).

Arnold Toynbee, *L'Histoire*, Paris, Payot, 1996.

Un ouvrage remarquable sur la vie des civilisations, de leur naissance à leur déclin.

Fernand Braudel, *La Dynamique du capitalisme*, Paris, Arthaud, 1985.

Emmanuel Todd, *Après l'empire. Essai sur la décomposition du système américain*, Paris, Gallimard, 2002.

Robert Cooper, *La Fracture des nations*, Paris, Denoël, 2004.

Patrick Verley, *L'Échelle du monde, Essai sur l'industrialisation de l'Occident*, Paris, Gallimard, 1997.

Pétrole

Emmanuelle et Pierre-René Bauquis, *Pétrole et gaz naturel*, Strasbourg, Éditions Hirlé, 2004.

Un ouvrage abondamment illustré décrivant les techniques pétrolières.

Alain Perrodon, *Quel pétrole demain ?*, Paris, Technip, 1999.

Ouvrage d'un des plus grands géologues pétroliers, avec de nombreux graphiques de Jean Laherrère.

Daniel Yergin, *The Prize*, New York, Simon & Schuster, 1992.

Une mine de renseignements sur l'histoire du pétrole et des tractations autour du pétrole.
Jean-Pierre Angelier, *Le Pétrole*, Paris, Éditions Economica, 1990.
André Nouschi, *Pétrole et relations internationales depuis 1945*, Paris, Armand Colin, 1999.
Gilles Rousselot, *Le Pétrole*, Éditions Le Cavalier Bleu 2003.
Matthew R. Simmons, *The World Giants Oil Fields*, rapport Simmons & Company International 2001.
K. S. Deffeyes, *Hubbert's Peak*, Princeton, Princeton University Press, 2003.

ASPO (Association for the Study of Peak Oil and Gas)
Toutes les informations diffusées par l'ASPO sont en anglais et pour la plupart disponibles en ligne.
Le site officiel de l'association est : www.peakoil.net – il est mis à jour par Colin Campbell.
Le site www.oilcrisis.com comprend de nombreuses publications d'experts ; c'est ici que l'on trouve la majorité des publications de Jean Laherrère, généralement en anglais.
Le site www.dieoff.com recense de nombreuses informations sur la déplétion.

Efficacité énergétique et énergies renouvelables

Jacques Vernier, *Les Énergies renouvelables*, Paris, PUF, 1998.
Commissariat général du Plan, *Les Défis du long terme*, Paris, La Documentation française, 1999.
Benjamin Dessus, *Énergie : un défi planétaire*, Paris, Belin, 1999.
Les Cahiers de Global Chance, « Maîtrise de l'énergie et développement durable », n° 16, novembre 2002.
Jean-Christian Lhomme, *Les Énergies renouvelables*, Lonay, Delachaux et Niestlé, 2001.
Jean-Marc Jancovici, *L'Avenir climatique*, Paris, Le Seuil, 2002.
Vous trouverez de nombreux articles intéressants de Jean-Marc Jancovici sur son site Internet : www.manicore.com
Ernst von Weizsäcker, Amory Lovins, Hunter Lovins, *Facteur 4*, Mens, Éditions Terre vivante, 1997.

Généralités énergie et transports

Christian Ngô, *L'Énergie*, Paris, Dunod, 2004.
Encyclopædia Universalis, 2003.

CEA *Clefs*, n° 44. Une brochure de référence sur l'énergie disponible en ligne : www.cea.fr.
« La voiture à hydrogène », *La Recherche*, octobre 2002.
Pierre-René Bauquis, « Quelle énergie pour les transports au XXIe siècle ? », *L'Hydrocarbure*, 2003.
Une société qui commercialise des voitures à air comprimé : www.mdi.lu

Autres
Christian Salaun, *Guide pour l'innovateur*, Éditions CNISF, 2001.
Fabrice Million des Vignes, *Je vois des pieds*, Paris, Sens & Tonka, 2004.
Didier Dacunha-Castelle, *Chemins de l'aléatoire : le hasard et le risque dans la société moderne*, Paris, Flammarion, 1996.

Annexe. Le protocole de Rimini

Proposé par Colin Campbell
(Traduction : Françoise Daval)

CONSIDÉRANT que le rythme des changements s'est accéléré au cours du temps, que la demande d'énergie augmente parallèlement à l'accroissement de la population mondiale au cours de ces 200 dernières années depuis la révolution industrielle ;

CONSIDÉRANT que l'approvisionnement en énergie en réponse aux besoins de la population vient principalement du charbon, du gaz naturel et du pétrole, formés avec rareté dans le passé géologique, et que de telles ressources sont inévitablement sujettes à déplétion ;

CONSIDÉRANT que le pétrole fournit 90 % du carburant des transports, essentiel à tout commerce, et joue un rôle crucial dans le domaine agricole, nécessaire pour nourrir une population en accroissement ;

CONSIDÉRANT que le pétrole est, pour des raisons géologiques, réparti de façon hétérogène sur la planète, et essentiellement concentré dans le sous-sol de cinq pays, en bordure du golfe Persique ;

CONSIDÉRANT que toutes les régions productrices du globe ont été identifiées grâce aux technologies de pointe et aux progrès des connaissances en matière de géologie, rendant ainsi évident que les découvertes ont atteint un pic dans les années 1960, et ce en dépit de progrès technologiques et de recherches actives effectués depuis ;

CONSIDÉRANT que ce pic de découvertes conduira inévitablement à un pic de production correspondant pendant la première décennie du XXIe siècle, s'il ne se produit pas de déclin massif de la demande ;

CONSIDÉRANT que l'arrivée du déclin de cette ressource cruciale influera sur tous les aspects de la vie moderne, entraînant des conséquences politiques et géopolitiques d'une considérable gravité ;

CONSIDÉRANT qu'il est opportun de planifier une transition ordonnée vers le nouveau contexte mondial d'approvisionnement réduit en énergie, en prenant rapidement des dispositions pour éviter le gaspillage d'énergie, pour stimuler l'arrivée d'énergies de remplacement et pour allonger la vie du pétrole restant ;

CONSIDÉRANT qu'il est souhaitable d'aborder les défis qui se présentent dans un esprit de coopération et de justice pour répondre aux problèmes connexes de changement climatique, de stabilité financière et économique et de menaces de conflit pour accéder à des ressources cruciales ;

IL EST DONC PROPOSÉ QUE :

1) une convention de pays se réunisse pour examiner le problème avec l'intention de parvenir à un accord sur les objectifs suivants :

a. Éviter la réalisation de bénéfices excessifs pendant la pénurie, de façon que les prix du pétrole puissent rester en relation raisonnable avec les coûts de production.

b. Permettre aux pays pauvres de payer leurs importations.

c. Éviter les flux financiers déstabilisants qui résulteraient de cours du pétrole trop élevés.

d. Encourager les consommateurs à éviter le gaspillage.

e. Stimuler le développement d'énergies alternatives.

2) un tel accord suive les grandes lignes suivantes :

a. Aucun pays ne produira de pétrole à un taux supérieur à son taux de déplétion du moment, taux défini à partir de la production annuelle et représentant un pourcentage de la production estimée restante.

b. Chaque pays importateur réduira ses importations pour se conformer au taux mondial de déplétion du moment, en déduisant toute production nationale.

3) des clauses détaillées définissent les différentes catégories de pétrole, les exemptions et restrictions, ainsi que les procédures scientifiques pour calculer le taux de déplétion.

4) les pays signataires coopèrent en fournissant les informations concernant leurs réserves, en permettant un audit technique complet, de façon que le taux de déplétion puisse être déterminé avec exactitude.

5) les pays signataires aient le droit de faire appel de l'estimation de leur taux de déplétion en cas de changement circonstanciel.

Notes bibliographiques

1. Daniel Yergin, *The Prize*, New York, Simon & Schuster, 1992.
2. Source : www.sizes.com/units/barrel_petr. htm.
3. Paul H. Frankel, *Essentials of Petroleum*, Londres, Cass, 1969.
4. Daniel Yergin, *op. cit.*
5. Betsy Mason, « Plant-to-oil Equations Point Up Unsustainable Profligacy », *Nature*, 29 octobre 2003.
6. Classement du magazine *Forbes*, données au 13 février 2004.
7. Source : ASPO *(Association for the Study of Peak Oil)*.
8. Jean-Claude Debeir, Jean-Paul Deléage, Daniel Hémery, *Les Servitudes de la puissance*, Paris, Flammarion, 1986.
9. *Ibid.*
10. Source : Agence internationale de l'énergie.
11. Pierre Merlin, *Le Transport aérien*, Paris, La Documentation française, 2000.
12. Source : World Tourism Organization.
13. Source : documents Greenpeace Suisse.
14. Pierre Leprince, « Carbochimie et pétrochimie », *Encyclopædia Universalis*, 2003.
15. Ernst von Weizsäcker, Amory Lovins, Hunter Lovins, *Facteur 4*, Mens, Éditions Terre vivante, 2002.
16. Source : UNIFA (Union française des industries de la fertilisation).
17. Ernst von Weizsäcker, Amory Lovins, Hunter Lovins.
18. *Ibid.*
19. Sources : Global Chance et Observatoire de l'énergie.
20. Daniel Yergin, *The Prize*, New York, Simon & Schuster, 1992.
21. Maud and Miska Petersham, *The Story Book of Oil*, Philadelphie, John C. Winston, 1935.

22. Henry Groppe du cabinet de conseil en énergie Groppe, *Long and Littel*, dépêche Dow Jones du 31 août 2004.
23. Michael R. Smith, directeur technique de EnergyFiles.com.
24. Fatih Birol, *Global Strategic Energy Challenges*, conférence ASPO, Berlin, 26 mai 2004.
25. Matthew R. Simmons, « The World Giants Oil Fields », *Rapport Simmons & Company International*, 2001.
26. *Ibid.*
27. Edward D. Porter, *Are We Running out of Oil ?*, API Discussion Paper #081, décembre 1995.
28. Hubbert, « Determining the Most Probable », *Technocracy Magazine*, June 38 (technocracyinc.org).
29. « Hubbert Marion King », *The Handbook of Texas Online* (utexas.edu).
30. K. S. Deffeyes, *Hubbert's Peak*, Princeton, Princeton University Press, 2003.
31. David Deming, « Are We Running out of Oil ? », *Policy Backgrounder*, n° 159, janvier 2003.
32. K. S. Deffeyes, *Hubbert's Peak*, Princeton, Princeton University Press, 2003.
33. Alain Perrodon, *Quel pétrole demain ?*, Paris, Technip, 1999.
34. Jean-Claude Debeir, Jean-Paul Deléage, Daniel Hémery, *Les Servitudes de la puissance*, Paris, Flammarion, 1986.
35. *ASPO Newsletter*, n° 23, novembre 2002.
36. Jean Laherrère, « Oil and Natural Gas Resource Assessment : Production Growth Cycle Models », in *Encyclopedia of Energy*, dirigé par Cutler J. Cleveland, Elsevier Science, 2004.
37. Jean Laherrère, « Shell's Reserves Decline and SEC obsolete Rules », *Energy Politics*, février 2004.
38. Jean Laherrère et Alain Perrodon, « Technologie et réserves », *Bulletin AFTP*, n° 406, janvier-février 1997.
39. Jean Laherrère, *Present and Future Energy Problems*, MBA HEC, 8 septembre 2004.
40. Sadek Boussena, Conférence DGEMP Paris Dauphine, 22 juin 2004.
41. Jean Laherrère, Copenhague, 2003.
42. Jean Laherrère, *Present and Future Energy Problems*, MBA HEC, 8 septembre 2004.
43. Jean Laherrère et Alain Perrodon, « Technologie et réserves », *Bulletin AFTP*, n° 406, janvier-février 1997.
44. Jean Laherrère, « Shell's Reserves Decline and SEC Obsolete Rules », *Energy Politics*, février 2004.
45. *Ibid.*
46. Jean Laherrère, lors de l'émission « Science Culture », France Culture, 4 mai 2004.
47. Jean Laherrère, « Shell's Reserves Decline and SEC Obsolete Rules », *Energy Politics*, février 2004.
48. Dr R. Smith, cité par Alain Perrodon, conférence IFP Panorama 2003.

49. Jean Laherrère, « 45 ans de géophysique pétrolière », *Bulletin des géologues*, n° 127, décembre 2000.
50. Jean Laherrère, *Present and Future Energy Problems*, MBA HEC, 8 septembre 2004.
51. Alain Perrodon, *Quel pétrole demain ?*, Paris, Éditions Technip, 1999.
52. Jean Laherrère, *Present and Future Energy Problems*, MBA HEC, 8 septembre 2004.
53. *Ibid.*
54. *Ibid.*
55. *Ibid.*
56. Alain Perrodon, *Quel pétrole demain ?*, Paris, Éditions Technip, 1999.
57. *Ibid.*
58. *Ibid.*
59. *Ibid.*
60. Jean Laherrère, correspondance personnelle.
61. Jean Laherrère, *Futur of natural Gas Supply*, Berlin, ASPO, 2004.
62. *Ibid.*
63. Jean Laherrère, « Oil and Natural Gas Resource Assessment : Production Growth Cycle Models », in *Encyclopedia of Energy*, dirigé par Cutler J. Cleveland, Elsevier Science, 2004.
64. *ASPO Newsletter*, n° 46, octobre 2004.
65. *ASPO Newsletter*, n° 45, septembre 2004.
66. Wood Makenzie, *Energie Issue*, n° 15, janvier 2004.
67. Yves Barbier, Daniel Champlon et Pierre Simandoux, « Pétrole, l'exploitation des gisements », *Encyclopædia Universalis*, 2003.
68. Steve Andrews, *Oil Prophets : Looking at the World Oil Studies over Time*, ASPO, conférence de Paris, 2003.
69. *Ibid.*
70. Jean-Marc Jancovici, *Qu'y a-t-il donc dans le fameux rapport du club de Rome ?*, www.manicore.com, février 2003.
71. Ernst von Weizsäcker, Amory Lovins et Hunter Lovins, *Facteur 4*, Mens, Éditions Terre vivante, 2002.
72. *ASPO Newsletter*, n° 45, septembre 2004.
73. Jean Laherrère, *Present and Future Energy Problems*, MBA HEC, 8 septembre 2004.
74. Présentation à la conférence OFEN (Office fédéral de l'énergie), Berne, 27 février 2004.
75. Kevin Morrison, « IEA to Push for Global Standards on Reserves », *Financial Times*, 5 juillet 2004.
76. Steve Andrews, *Oil Prophets : Looking at the World Oil Studies Over Time*, ASPO, conférence de Paris, 2003.
77. Propos de Yves-Louis Darricarrère dans *Rapport sociétal et environnemental 2003*, compagnie Total, mai 2004.

78. Hervé Kempf, « Selon Total, la production de pétrole culminera vers 2025 », *Le Monde*, 19 juin 2004.
79. Sharon Beder, *BP : Beyond Petroleum ?*, Devon, Green Books, 2002.
80. Lee Raymond, « The Charlie Rose Show », PBS radio, 6 mai 2004.
81. Peter R. Oddel, *The Global Energy Outlook for the 21st Century*, CIEP, conférence du 21 mai 2003, Wassenaar.
82. Dr Bakhtiari, « World Oil Production Capacity Model Suggests Output Peak by 2006-07 », *Oil & Gas Journal*, 26 avril 2004.
83. Dr Fatih Birol, conférence ASPO, Berlin, mai 2004.
84. Daniel Yergin, *The Prize*, Simon & Schuster, 1992.
85. Jean-Pierre Angelier, *Le Pétrole*, Paris, Éditions Economica, 1990.
86. Jean-Claude Debeir, Jean-Paul Deléage, Daniel Hémery, *Les Servitudes de la puissance*, Paris, Flammarion, 1986.
87. Daniel Yergin, *The Prize*, Free Press, 1992.
88. Jean Laherrère, « The Hubbert Curve : its Strengths and Weaknesses », *Oil & Gas Journal*, avril 2000.
89. IFP, « Évolution des prix du pétrole : les scénarios de l'IFP », 18 août 2004.
90. « China no Strategic Oil Reserves », *Financial Times*, 18 mars 2003.
91. « US to Help India Build Strategic Oil Reserves », *Daily Times*, 15 octobre 2004.
92. « Oil Market Report », AIE, 9 septembre 2004.
93. Jean Laherrère, *Present and Future Energy Problems*, MBA HEC, 8 septembre 2004.
94. Jean Laherrère, *Future of Natural Gas Supply*, Berlin, ASPO, 25 mai 2004.
95. *Ibid.*
96. *Ibid.*
97. *Ibid.*
98. Pierre-René Bauquis et Emmanuelle Bauquis, *Pétrole et gaz naturel*, Strasbourg, Éditions Hirlé, 2004.
99. Heather Draper, « No LNG Approvals Until Report Finished », dépêche Dow Jones Newswire, 17 mai 2004.
100. Youssef M. Ibrahim, « The World Has Lost Iraq's Oil », *USA Today*, 5 octobre 2004.
101. John Chapman, « The Real Reason Bush Went to War », *The Guardian*, 28 juillet 2004.
102. Terry Macalister, « Iran Takes on West's Control of Oil Trading », *The Guardian*, 16 juin 2004.
103. « Tokyo signe un gigantesque contrat pétrolier avec Téhéran », *Le Monde*, 21 février 2004.
104. Robert Baer, « The Fall of the House of Saud », *The Atlantic Monthly*, mai 2004.
105. Marc Roche, « Les nouveaux pétrodollars restent dans le monde arabe ou préfèrent l'Europe aux États-Unis », *Le Monde*, 30 septembre 2004.
106. Xavier Harel, « Un an après l'Irak, le fossé se creuse entre l'OPEP et Washington », *La Tribune*, 19 mars 2004.

107. Jean-Claude Debeir, Jean-Paul Deléage, Daniel Hémery, *Les Servitudes de la puissance*, Paris, Flammarion, 1986.
108. *Ibid.*
109. *Ibid.*
110. *Ibid.*
111. Christian Ngô, *L'Énergie*, Paris, Dunod, 2004.
112. Jean-Claude Debeir, Jean-Paul Deléage, Daniel Hémery, *Les Servitudes de la puissance*, Paris, Flammarion, 1986.
113. *Ibid.*
114. Patrick Verley, *L'Échelle du monde. Essai sur l'industrialisation de l'Occident*, Paris, Gallimard, 1997.
115. Jean-Claude Debeir, Jean-Paul Deléage, Daniel Hémery, *Les Servitudes de la puissance*, Paris, Flammarion, 1986.
116. Patrick Verley, *L'Échelle du monde. Essai sur l'industrialisation de l'Occident*, Paris, Gallimard, 1997.
117. Jean-Claude Debeir, Jean-Paul Deléage, Daniel Hémery, *Les Servitudes de la puissance*, Paris, Flammarion, 1986.
118. *Ibid.*
119. *Ibid.*
120. *Ibid.*
121. Jean-Marc Jancovici, *L'Avenir climatique*, Paris, Le Seuil, 2002.
122. « Un maintien des prix élevés du pétrole rendrait les énergies renouvelables compétitives », *Le Monde*, 11 août 2004.
123. Pierre-René Bauquis et Emmanuelle Bauquis, *Pétrole et gaz naturel*, Strasbourg, Éditions Hirlé, 2004.
124. Christian Ngô, *L'Énergie*, Paris, Dunod, 2004.
125. Édouard Brezin, France Culture, le 13 février 2004.
126. Benjamin Dessus, « Le réacteur nucléaire EPR : un projet inutile et dangereux », *Les Cahiers de Global Chance*, n° 18, janvier 2004.
127. CEA, « Les réacteurs nucléaires : d'une génération à l'autre », 17 septembre 2003.
128. Thierry Dubois, « Le casse-tête des vrais coûts », *Science et Vie*, hors-série décembre 2003.
129. Antoine Bonduelle, « Le véritable coût du nucléaire », *L'Écologiste*, octobre 2003.
130. *Ibid.*
131. Muriel Valin, « Menace terroriste, top secret sur les parades », *Science et Vie*, hors-série décembre 2003.
132. Correspondance personnelle avec Jean Laherrère.
133. Sylvie Bonny et Stéphane Hénin, « L'agriculture », *Encyclopædia Universalis*, 2003.
134. Christian Ngô, *L'Énergie*, Paris, Dunod, 2004.
135. Jacques Vernier, *Les Énergies renouvelables*, Paris, PUF, 1998.

136. Jean-Marc Jancovici, *L'Avenir climatique*, Paris, Le Seuil, 2002.
137. Jacques Vernier, *Les Énergies renouvelables*, Paris, PUF, 1998.
138. Baromètre Eurobserv'ER 2003.
139. Jacques Vernier, *Les Énergies renouvelables*, Paris, PUF, 1998.
140. *Ibid.*
141. Selon HydroHelix Énergies.
142. Jacques Vernier, *Les Énergies renouvelables*, Paris, PUF, 1998.
143. Christian Ngô, *L'Énergie*, Paris, Dunod, 2004.
144. *Ibid.*
145. « Trois techniques pour concentrer le soleil », *Système solaire*, n° 161, mai 2004.
146. Baromètre Eurobserv'ER 2003.
147. Jean-Claude Debeir, Jean-Paul Deléage, Daniel Hémery, *Les Servitudes de la puissance*, Paris, Flammarion, 1986.
148. Jacques Labeyrie, « Les Énergies renouvelables à l'horizon 2050 en Europe », *Revue des deux mondes*, avril 2001.
149. *Ibid.*
150. Correspondance personnelle avec Christian Salaun, membre du CSPI (Conseil supérieur de la propriété industrielle) et auteur du *Guide pour l'innovateur*, Paris, Éditions CNISF, 2001.
151. *Ibid.*
152. Commissariat général au Plan, *Les Défis du long terme*, Paris, La Documentation française, 1999.
153. Jean Orselli et Jean-Jacques Chanaron, « Hydrogène : à qui profite le spectacle ? », *La Recherche*, octobre 2002.
154. Pierre-René Bauquis, « Quelle énergie pour les transports au XXIe siècle ? », *L'Hydrocarbure*, 2003.
155. Jean-Marc Jancovici, *L'Avenir climatique*, Paris, Le Seuil, 2002.
156. Pierre-René Bauquis, « Quelle énergie pour les transports au XXIe siècle ? », *L'Hydrocarbure*, 2003.
157. *Ibid.*
158. Benjamin Dessus, « L'idée est belle, la réalité têtue », *La Recherche*, octobre 2002.
159. Jean Orselli et Jean-Jacques Chanaron, « Hydrogène : à qui profite le spectacle ? », *La Recherche*, octobre 2002.
160. *Ibid.*
161. ASPO, Berlin, 2004.
162. www.mdi.lu
163. Pierre-René Bauquis, « Quelle énergie pour les transports au XXIe siècle ? », *L'Hydrocarbure*, 2003.
164. Observatoire de l'énergie.
165. Alain Morcheoine, « Transports, maîtrise de l'énergie et effet de serre », Groupe prospective du Sénat, rencontre « Les transports du futur », avril 2004.

166. Institute for Energy and Environment, *Alternative Biofuel in Europe and Germany*, Berlin, ASPO, mai 2004.
167. Jacques Oudin, *Rapport d'information n° 300*, Sénat, 2001.
168. Alain Morcheoine, « Transports, maîtrise de l'énergie et effet de serre », Groupe prospective du Sénat, rencontre « Les transports du futur », avril 2004.
169. Commissariat général au Plan, *Les Défis du long terme*, Paris, La Documentation française, 1999.
170. « Maîtrise de l'énergie et développement durable », *Les Cahiers de Global Chance*, n° 16, novembre 2002.
171. Jacques Vernier, *Les Énergies renouvelables*, Paris, PUF, 1998.
172. *Ibid.*
173. Observatoire de l'énergie.
174. *Future Dilemmas, Options to 2050 for Australia's Population, Technology and Environment*, CSIRO, octobre 2002.
175. Fernand Braudel, *La Dynamique du capitalisme*, Paris, Flammarion, 2002.
176. *Ibid.*
177. *Ibid.*
178. Laure Belot, « Quand les salariés ne croient plus au discours des entreprises », *Le Monde*, 28 août 2004.
179. Guillaume Daudin, *La Logistique de la mondialisation*, Paris, La Documentation française, février 2004.
180. Documents Greenpeace Suisse.
181. Jean-Marc Jancovici, *L'Avenir climatique*, Paris, Le Seuil, 2002.
182. Marie-Odile Delacour et Jean-René Huleu, *La Révolution bio*, Paris, La Découverte, 2001.
183. François Grosrichard, « Le transport par voie d'eau relancé à la faveur de la hausse du pétrole », *Le Monde*, 16 novembre 2004.
184. Institut for Energy and Environnement, *Technische Potenziale für Flüssige Biokraftstoffe und Bio-Wasserstoff*, Leipzig, 30 janvier 2004.
185. Joseph Stieglitz, *Quand le capitalisme perd la tête*, Paris, Fayard, 2003.
186. Emmanuel Todd, *Après l'empire. Essai sur la décomposition du système américain*, Paris, Gallimard, 2002.
187. Jean-Claude Debeir, Jean-Paul Deléage et Daniel Hémery, *Les Servitudes de la puissance*, Paris, Flammarion, 1986.
188. Emmanuel Todd, *op. cit.*
189. Robert Cooper, *La Fracture des nations*, Paris, Denoël, 2004.

Biographies

Jean-Luc Wingert est ingénieur et consultant. Il a notamment travaillé pour de grands groupes industriels français, dont EDF, Saint-Gobain et le groupe Geopost. Il est également épisodiquement journaliste pour une revue consacrée aux énergies renouvelables *(Systèmes solaires)*.

Jean Laherrère, le préfacier, est polytechnicien et a travaillé à divers postes de responsabilité chez Total. Un des membres fondateurs de l'ASPO, géologue et géophysicien, il est aujourd'hui consultant de renommée mondiale sur les problématiques de réserves et d'exploration concernant le pétrole et le gaz naturel.

Table des encadrés

Table des graphiques et tableaux

Table des matières

Achevé d'imprimer en janvier 2007 par l'imprimerie Corlet
à Condé-sur-Noireau (Calvados), France - N° 97530
Pour le compte des Éditions Autrement,
77, rue du Faubourg-Saint-Antoine, 75011 Paris
Dépôt légal : janvier 2007. Précédent dépôt : juin 2006. ISBN : 978-2-7467-0605-7.